SCIENCE

JO YU KEXUE ZHUOMICANG

及科学知识，拓宽阅读视野，激发探索精神，培养科学热情。

家庭科学 实验室

吉林出版集团

北方妇女儿童出版社

图书在版编目(CIP)数据

家庭科学实验室 / 李慕南,姜忠喆主编.—长春：
北方妇女儿童出版社,2012.5(2021.4重印)
(青少年爱科学.我与科学捉迷藏)
ISBN 978－7－5385－6311－5

Ⅰ.①家… Ⅱ.①李… ②姜… Ⅲ.①科学实验－青
年读物②科学实验－少年读物 Ⅳ.①N33－49

中国版本图书馆 CIP 数据核字(2012)第 061657 号

家庭科学实验室

出 版 人　李文学
主　　编　李慕南　姜忠喆
责任编辑　赵　凯
装帧设计　王　萍
出版发行　北方妇女儿童出版社
地　　址　长春市人民大街 4646 号 邮编 130021
　　　　　电话 0431－85662027
印　　刷　北京海德伟业印务有限公司
开　　本　690mm × 960mm　1/16
印　　张　12
字　　数　198 千字
版　　次　2012 年 5 月第 1 版
印　　次　2021 年 4 月第 2 次印刷
书　　号　ISBN 978－7－5385－6311－5
定　　价　27.80 元

前　　言

　　科学是人类进步的第一推动力,而科学知识的普及则是实现这一推动力的必由之路。在新的时代,社会的进步、科技的发展、人们生活水平的不断提高,为我们青少年的科普教育提供了新的契机。抓住这个契机,大力普及科学知识,传播科学精神,提高青少年的科学素质,是我们全社会的重要课题。

　　一、丛书宗旨

　　普及科学知识,拓宽阅读视野,激发探索精神,培养科学热情。

　　科学教育,是提高青少年素质的重要因素,是现代教育的核心,这不仅能使青少年获得生活和未来所需的知识与技能,更重要的是能使青少年获得科学思想、科学精神、科学态度及科学方法的熏陶和培养。

　　科学教育,让广大青少年树立这样一个牢固的信念:科学总是在寻求、发现和了解世界的新现象,研究和掌握新规律,它是创造性的,它又是在不懈地追求真理,需要我们不断地努力奋斗。

　　在新的世纪,随着高科技领域新技术的不断发展,为我们的科普教育提供了一个广阔的天地。纵观人类文明史的发展,科学技术的每一次重大突破,都会引起生产力的深刻变革和人类社会的巨大进步。随着科学技术日益渗透于经济发展和社会生活的各个领域,成为推动现代社会发展的最活跃因素,并且成为现代社会进步的决定性力量。发达国家经济的增长点、现代化的战争、通讯传媒事业的日益发达,处处都体现出高科技的威力,同时也迅速地改变着人们的传统观念,使得人们对于科学知识充满了强烈渴求。

　　基于以上原因,我们组织编写了这套《青少年爱科学》。

　　《青少年爱科学》从不同视角,多侧面、多层次、全方位地介绍了科普各领域的基础知识,具有很强的系统性、知识性,能够启迪思考,增加知识和开阔视野,激发青少年读者关心世界和热爱科学,培养青少年的探索和创新精神,让青少年读者不仅能够看到科学研究的轨迹与前沿,更能激发青少年读者的科学热情。

　　二、本辑综述

　　《青少年爱科学》拟定分为多辑陆续分批推出,此为第四辑《我与科学捉迷藏》，以"动手科学，实践科学"为立足点，共分为 10 册，分别为：

1.《边玩游戏边学科学》

2.《亲自动手做实验》

3.《这些发明你也会》

4.《家庭科学实验室》

5.《发现身边的科学》

6.《365 天科学史》

7.《用距离丈量科学》

8.《知冷知热说科学》

9.《最重的和最轻的》

10.《数字中的科学》

三、本书简介

本册《家庭科学实验室》内容包括：变香的厕所，橡皮头大富翁，青蛙变电，发明一个老师，牙膏医生，家庭主妇的发明，墙上建个发电厂，大辞海装进袖子里，撒尿发明家，用油洗手，人想变成鸟，装在笔里的墨水瓶，把你变成魔法师，这些看起来简单易行、妙趣横生的小发明中蕴涵着无数科学原理。发明是由人人都见到过的东西加上人人都没想到的东西构成的。启迪你的思维，并将你的点子变成财富的宝典。处处是创造之地，天天是创造之时，人人是创造之人。你渴望你的智慧之花早日绽开吗？你渴望你的创造灵感早日到来吗？那么，请仔细地阅读本书吧。如果你想在未来的人生舞台上做一颗明亮的星，就从现在开始迈出你成才的第一步——认真阅读本书，它将告诉你成就发明之星的方法。

本套丛书将科学与知识结合起来，大到天文地理，小到生活琐事，都能告诉我们一个科学的道理，具有很强的可读性、启发性和知识性，是我们广大读者了解科技、增长知识、开阔视野、提高素质、激发探索和启迪智慧的良好科普读物，也是各级图书馆珍藏的最佳版本。

本丛书编纂出版，得到许多领导同志和前辈的关怀支持。同时，我们在编写过程中还程度不同地参阅吸收了有关方面提供的资料。在此，谨向所有关心和支持本书出版的领导、同志一并表示谢意。

由于时间短、经验少，本书在编写等方面可能有不足和错误，衷心希望各界读者批评指正。

本书编委会

2012 年 4 月

目　　录

一、身边的小发明家

二、实践里面出真知

三、发明创造的方法

一、身边的小发明家

生活的启示

张玲先后发明的"轻松发梳"、"带调羹的饭盒盖"、"多功能锅盖架"等几项作品都获得青少年发明奖。她说:"我从小学到中学发明的几件作品,无不归功于缤纷多彩的生活给了我启示。""我的小发明处女作品是'轻松发梳',那时我读小学三年级。有一次妈妈出差了,爸爸给我梳头发,痛得我哇哇直叫,于是爸爸轻轻抖动梳子往下梳,我的感觉顿时轻松多了。这时,我的创造灵感突然闪现。我想起家里有个袖珍型振动按摩器,把它装在梳子上,振动着梳头发不是能轻松梳发了吗?于是在爸爸的指导下,用强力胶把两者合二为一,经过使用效果不错。"就这样的一件小小生活琐事给了她发明创造的机会。"轻松发梳"也先后获得市、区多项青少年发明竞赛奖。

四年级时,学校生活中的一件小事,又叩开了她的创造之门。在学校蒸饭吃的同学都感到调羹携带问题最伤脑筋:放在塑料袋或书包中很不卫生,而且容易忘带,到了吃饭时好不尴尬。于是她一直在琢磨着替调羹找个好归宿。在一次淘米时,她的注意力集中在那只饭盒盖上,调羹在这儿安家,既解决了忘带问题,蒸饭时还可一起高温消毒,既方便又卫生。于是她就用一块带弹性金属薄板弯成夹板,在饭盒盖上钻了两个小孔,用两只螺丝把夹板固定在饭盒的内侧。就这样她的第二个自创自做的小发明"带调羹的饭盒盖"诞生了,并由老师推荐在《课外天地》报的"聪明泉"栏目中发表。

她在小学六年级时读了一本叫《植物之谜》的书,随后竟有了个奇妙的幻想,并写成一篇题为《奇妙的遐想》的科学小论文,由班主任推荐在《课外天地》报上发表,获第四届全国中小学读书活动金奖。"当时我幻想能有'植物思维仪',让植物的感觉和思维通过仪器显示出来,并与人类交流。到那时家家户户都有几盆生机勃勃的花草,如果遇上烦恼,只要打开'植物思

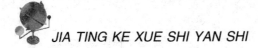

维仪',善解人意的花草就会和您亲切地交谈,烦恼就会烟消雾散了。"请别认为她的这一幻想幼稚可笑,其实许多发明都是从幻想开始的,只要在日常生活中,大胆地设想并去实践,幻想就可能成为现实生活中实实在在的创造物。当然凭她现在的知识,还不能创造出如此高科技的"植物思维仪",正因为如此才更进一步激发她强烈的求知欲望。

张玲说:"每个发明创造都需要知识的积累。我的初中三年正是为新的发明积蓄能量。功夫不负有心人,在初三毕业前夕,我又有一项小发明'多功能锅盖架'诞生。它同样来源于生活。我下厨学烧菜,当我揭开锅盖放置时,总觉得不顺手。按习惯是将锅盖竖直靠置在墙上,但它的油腻会玷污墙面。墙面的细菌也会污染锅盖,而且锅盖内侧的油水流到桌面上,清洁工作十分麻烦。于是又一个奇妙的闪念出现了,能不能做个架子放置锅盖呢?从设计图纸到做模型,经过多次实践不断改进,我终于制成了结构简洁精巧,实用新颖的'多功能锅盖架'。"它既能使锅盖靠墙面挂置,也能使锅盖竖直放在桌上,架底有收集油水的功能,清洁方便,还可有效地利用厨房空间面积。此项发明荣获上海市和嘉定区的青少年创造发明竞赛共5项奖励。

是什么原因使她对发明创造产生极大兴趣的呢?那是一个很偶然的机会。小学时有一次出于强烈的好奇心,她参加了《少年科技报》"亿利达"有奖征答活动,竟有幸得到上海电视台的邀请参加"亿利达发明颁奖文艺晚会",见到了仰慕已久的杨振宁等科学家、发明家,并聆听了他们的精彩演说。小小年纪的她便因此走上了发明创造的道路。她课外喜欢看些科幻小说、科学家的故事等书籍,梦想有朝一日也能像他们一样为社会、为人类做出创造性的贡献。

中国的小爱迪生

爱迪生被称为"发明大王"，其发明成果有两千多项，对人类做出了巨大贡献。他之所以成为"发明大王"，也是从生活中、由一件件小发明积累而来的。许多小发明都是因为生活中某件小事触发了灵感，而发明出一件生活中需要但尚未出现的产品。

中学生朱亮的小发明作品"环保瓜子袋"在衢州市科技小发明比赛中获得了一等奖，而后又在第九届浙江省青少年发明创造比赛中获得了三等奖。朱亮说，"我要做中国的爱迪生"，"谈到我是怎样发明环保瓜子袋的，这其中还有一个小故事呢。

一个周末的下午，学校组织看电影。我买了一袋瓜子，开始吃第一粒瓜子时，烦恼也随之而来，瓜子壳扔到什么地方呢？扔在地上吧，可电影院却挂着'禁止乱丢瓜皮果壳'的牌子，而且旁边有那么多同学怎么好意思呢？要是拿在手上，既不卫生又难受，怎么办呢？这时，我看见旁边的一位同学把瓜子壳吐在了从家里带来的塑料袋中。我随意说了一句：'如果把装瓜子壳和装瓜子的袋子合在一起多好啊！'这时，我的创造发明的灵感来了。等不到把电影看完便跑回家，顺便还买了好几袋瓜子，开始设计环保瓜子袋来。把两个袋子合在一起看上去好像很简单，做起来可真难啊！我没有做袋子的设备及工具，塑料纸又厚又滑，用万能胶怎么也粘不起来，用火烫既容易烫坏又不美观，还要留口子，真难做啊！我想了好多方法也没有做成，光瓜子就不知买了多少袋。结果，还是妈妈帮我出了一个主意，用缝纫机把第一个瓜子袋做成功了。当时，我别提有多开心啦！我将制作好的环保瓜子袋拿到学校，教劳技课的吴老师看了以后很高兴，他鼓励我再接再厉做出更多、更出色的发明来，我的心里比吃了蜜还要甜。"正当我还在高兴的时候，吴老师对

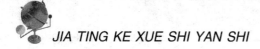

我说：瓜子袋还可以改进。我又开始着手改进我的环保瓜子袋：在瓜子袋上加一根牙签和一张餐巾纸。为了使瓜子壳不从袋子里掉出来，还在袋口加上可粘合的边。爸爸、妈妈都支持我搞小发明，光是瓜子就买了20多袋。"

　　经过一次又一次的试验、改进，他的环保瓜子袋终于成功了。吴老师看了很满意，把改进后的环保瓜子袋送到省里参加了第九届浙江省青少年发明创造比赛，结果获得了三等奖。他说，"我还有一件颇为得意的小发明——免提式水桶。有一次看见一位女同学拎了一桶水很吃力，不小心还把水洒了一身。对这个问题我想了好多天，终于想出了制作免提式水桶的方案：在水桶上装上4个万向轮和一个手柄。有了方案，当然就要开始行动啰。可做起来并不容易，我弄坏了两个塑料水桶还是没有成功。有一天，我路过一家修理铝锅的摊子前，看到修锅师傅小心翼翼地敲打着铝皮换锅底。我灵机一动，在铝皮上安装了4个万向轮子，再像换铝锅底一样把铝皮打好，牢牢地固定在水桶的底部。好了，水桶可以溜动，手柄也可以装上了。我的免提式水桶就这样成功了。这项小发明还在我们学校的科技周比赛中获得了一等奖呢。除了这两件小发明，我还有许多小发明成果，如两头画笔、折叠算盘、多用黑板刷、腰围尺等等，这些作品先后在学校科技周得过奖。搞小发明并不是高不可攀的事，只要在日常生活中留心观察，多动脑子，就一定会想出更多、更出色的发明来，这就是我搞小发明的体会。我决心努力学好知识，等长大以后做一个中国的爱迪生，做一个出色的发明家！"

16 岁的企业小股东

水龙头、筷子、带有软气囊的眼镜，这三个小发明看起来都是一些简单的东西，但是却都很实用。它们都出自湖北一个 16 岁学生胡小辉之手，也因为这些发明，胡小辉还成为一家企业的小股东。

这个水龙头看上去虽然很平常，其实它已经经过改造，可以实现自我清洁。

这个水龙头阀门上面有几个孔，打开以后，上面就会冒水，把上面的阀门洗干净了，手也洗干净了。

胡小辉说，这是在 2003 年非典期间倡导洗手引发了他的灵感，经过多次试验和改造，现在他们学校已经装上了这种水龙头。

如果说这个小发明只是给他周围的老师和同学带来了便利，那么另一个发明则让许多外国人在中国吃饭时更加方便。

这项发明叫"世界筷子"，旁边有三个指环，戴上以后，筷子随着手指动作很方便，外国人不会用筷子，戴上以后，很快就学会用筷子了。

胡小辉说他发明创造的灵感都来源于生活，比如这副改造过的眼镜，就是自己的鼻梁不堪忍受眼镜的长期压迫而发明出来的。现在好了，在眼镜与鼻梁接触的位置有个软气囊，戴了以后就舒服多了，没有压痕。

正在读高二的胡小辉从小就受到从事科技工作的父母的影响，遇到问题喜欢自己琢磨。经过学校的推介，他的发明成果多次在国内和国际的少年儿童发明大赛上获奖。他发明的"无压痕眼睛架"被宁波的一家工厂买下专利后投入生产，16 岁的胡小辉也成了工厂的小股东。

美化自己的生活

15岁的王戈现在还是北京师范大学实验中学初三年级的一名学生，平时酷爱手工制作。她说，由于平时从报纸和电视上听到过北京急需节水的报道，就多留了一个心眼。去年9月的一天，在帮助爸爸干家务时，发现那些洗衣、洗菜后的水还比较清净，却直接流进了下水道，觉得非常可惜。如果把这些水用来浇花、擦地、洗厕所，那将省下多少干净水啊！

王戈随后便突发奇想，希望通过把"下水管排水分道"，对用水实施截流排放或存储，来一个二次利用。当她随口把想法告诉父亲时，立即得到了爸爸的赞赏和支持。

王戈说，为此，她立即着手画草稿，后来又向爸爸请教了一些堵截导向的基本原理，然后用生活中的一些旧瓶子加工成1：1的样品。经过老师的修改，参加了学校组织的科技月活动。

没想到这个小发明先后获得了"第二届全国中小学劳技教育创新作品邀请赛金奖"、"第二十四届北京青少年科技创新大赛优秀项目三等奖"、"西城区中小学科学发明竞赛一等奖"等四个奖项。王戈做的两个样品一个交到了国家科协，正在专利鉴定申请中，一个被区里收藏。

王戈从小求知欲就特强，从小学开始就喜欢利用生活中的废旧瓶瓶罐罐制作小工艺品，现在她的小手艺总算派上了大用场。

吃苦的生活给了她创造力

正就读于湖北省枝江市第一中学高二年级、年仅 17 岁的李玲玲发明的高竿喷雾器获亿利达青少年发明奖。李玲玲小时候的家庭条件只能用一个字来概括：穷。为了养育李玲玲姐弟俩，为了给瘫痪在床的玲玲奶奶治病，务农的父母常年在外打工。玲玲姐弟俩几岁起就自己独立生活，做饭、洗衣服、照顾大小便不能自理的奶奶。冬天洗衣服特别冷，要敲开池塘里的冰。玲玲家住在江心，去城里要坐渡船。因为出门太早回来太晚，99% 的情况下，渡船上只有父亲一个乘客，父母亲的操劳程度可想而知。李玲玲吃苦勤奋的精神受益于家庭的熏陶。眼见家人通过自己努力从一穷二白到现在的样子，李玲玲对改善自己的生存环境信心十足。她坚信：凡事只要肯付出，就一定会有收获。

李玲玲从小就对科学小发明有着浓厚的兴趣，特别喜欢看一些关于科技方面的书籍，这为以后的小发明奠定了基础，同时也是受父亲的影响。玲玲还很小的时候，她的父亲曾发明了沼气自动跳闸开关，被全国数十家报纸报道过。全国各地很多人不远千里到玲玲家学习、取经，玲玲父亲收到的感谢信装了满满一抽屉。玲玲从懂事起，目睹父亲鼓捣这个，研究那个，对新事物的好奇之心让玲玲深受感染。父亲在武汉打工时，看到防盗门，就自己学着做。玲玲还记得父亲亲手做的第一扇门是用板车拉回来的，不很美观，但特别结实耐用。

农村每到夏季，蚊虫成群，不时在人的身上叮咬一口，吸血不说，还让被叮咬的人奇痒难忍。好在有"灭蚊剂"，可"道高一尺，魔高一丈"，那些小东西总是躲得高高的，让当时身高不足 1.6 米的李玲玲望"蚊"兴叹。不得已，玲玲只好站在凳子上进行"杀蚊"行动，但年幼的弟弟此时却总是出

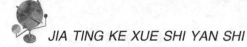

来捣蛋，他要么摇晃着凳子取乐，要么做些他觉得好玩却十分危险的动作。李玲玲不得不动一番脑筋，与狡猾的蚊子和顽皮的弟弟"智斗"。增加灭蚊剂的长度成为最佳选择，李玲玲最初是用一根竹竿扎在药瓶上用线拉，但每次只能拉一下，很费事。经过多次改造，加上父亲的帮忙，一个高秆喷雾器的小发明终于成功了！

高竿喷雾器的发明问世，让李玲玲捧回了一个"亿利达青少年发明奖"。诺贝尔奖获得者、著名物理学家杨振宁教授亲自为李玲玲颁奖。杨振宁握着李玲玲的手说："以后我们中国人得诺贝尔奖的希望就在你们身上。"李玲玲傻乎乎地连连点头："好好好，我一定努力！"

心灵手巧的少年

陈明达在北京鲁迅中学读初一时，发明了一种在做饭时能测量出倒出多少油的测量器，给人们的生活带来了很多方便。对他来说发明是一种天性。小时候，他就是一个既爱动脑也爱动手的孩子。还没有上学，他就喜欢鼓捣导线什么的，把家里的各种电线到处缠来缠去。

别看他才 13 岁，他可有一双弹了 9 年钢琴的手。别的孩子学钢琴，9 年起码也得考个 6 级了，可是他一级也没考。你听听他是怎么说的："我讨厌钢琴。"我着实很惊讶："你讨厌它，竟然还弹了 9 年！""只是被爸爸妈妈逼着弹的。"不过，9 年的钢琴也没有白弹，真的弹出了一双巧手。

四年级时，他到北京市青少年科学技术馆机电研究室学习，这才算找到他的真爱。两年多的时间，他做过不少电子作品，那些精细的电子元件，在他的手里都不算什么。许多孩子学电子，也考个技师什么的，问他考没考，他有些不屑地回答："我们是搞研究的。""那你觉得学做这些东西有什么用吗？"回答也挺让人惊讶："没什么用。""那你为什么做它？""只是觉得好玩。""你的爸爸妈妈也不反对你来玩？""不反对。"

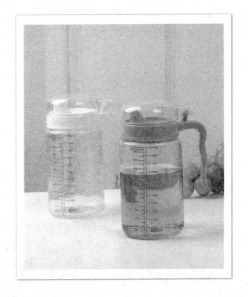

让孩子们在玩中学习，在玩中培养他们的创新意识和动手能力，这可能就是我们的科技活动对学生最有吸引力的地方，也正因为如此，他们的爸爸妈妈才不会反对。这些家长认为，

孩子在这里玩，会比在别处玩更有益。

　　陈明达在科技馆的机械研究室学习机械制作和发明作品，研究室里的车床、台钻等机械，他差不多都用过了。

　　辅导老师说，陈明达经常会有一些特别的想法，老师根据他想法实施的难易程度，帮他选择是否把它做出来。去年，他发明了一个计量油壶，可以根据需要定量往外倒油。不知道他是想让爸爸妈妈炒菜时少放一些油，还是别的原因，不过他说："爸爸做菜是只看锅里有多少油，不看瓶子里有多少油。"这项发明在 2001 年北京市青少年小发明评比中获得了二等奖。

　　现在，他又在研究新的发明："你看这东西有多精巧"，有人问"这是个什么东西？"他说："暂时保密！

他让太阳给花木浇水

让太阳给花木浇水，你也许会感到不可思议，但是一名小学生却让它变成了现实。他的这项发明获得了第18届全国青少年科技创新大赛二等奖。叶翠花艳，美丽的花木装点着居家环境，可以清新周围的空气，也为养花人增添了几多情趣。然而，养花人有时也有烦恼，比如出差在外，得不到人呵护的花会变得灰头土脸，美丽的花朵都是需要呵护的。

市郊有一位名叫吴凯的小学生，从小就对科学有着浓厚的兴趣，梦想将来成为一个伟大的科学家。有一次，跟着老师一起养花，在与花木的接触中，他发现在夏日阳光下，花叶变得蔫蔫歪歪了。爱探究竟的吴凯向老师询问原因，老师解释道：阳光下气温高，植物的水分蒸发就加快，水分少了，叶子自然就蔫了。

吴凯联想到，高温下人容易渴，最需要的是水，此时植物一定也很"渴"，但中午不能给它浇水，此时浇水反而会烧坏叶子。"能不能给它的根部浇水呢？""最好有一个自动浇水装置，省得人顶着太阳去浇水。"他的想法得到了老师的支持，但设计起来问题还真不少，用一个装置自动浇水，需要电源，要消耗能量，是否划得来？在阳光强时要多浇点水，阳光弱时水应该少点，怎么来控制？

吴凯在一次太阳能电池小汽车活动中获得了启发：用太阳能电池，一次性投资，以后不用再花钱。且太阳能电池还有一个特性，光强时产生的电能大，光弱时产生的电能小。这不正好符合植物浇水的要求吗？晚上由于电量弱自动停水，白天电量变强自动浇水，且随着光的强弱变化浇水量也同步变化，浇水不再要人来管理了。

发明过程中，吴凯在老师的帮助下，还设计了一种低耗能、高效率的提

水泵,仅用一块4×6平方厘米的太阳能电池板,在夏季午时每小时能提水13公斤多。这项发明产生的效果真不错,不仅省钱、省力,还特别适合苗床苗圃的供水要求。采用滴管法浇水,一块太阳能电池能满足8平方米大的苗床需水量。更可贵的是,这种浇水方式更符合植物的生长需要。吴凯作了一个对照实验,用太阳能滴管装置浇水的小苗,其长势是用传统方式浇水的两倍。

发明来源于兴趣

台湾嘉义县国小四年级学生吴宸宇、吴季霖兄弟俩发明的"气泡衣",在四十八国九百多件参赛作品中,获得2003年瑞士日内瓦国际发明奖的铜牌及特等奖。

十一岁的吴宸宇、十岁的吴季霖兄弟俩原本就读梅山国小,他们的父母为了让兄弟俩学习英语,特地让哥哥吴宸宇降级到云林县维多利亚小学就读,与弟弟吴季霖成为同班同学。

吴氏兄弟的父亲吴振森表示,由于吴宸宇与吴季霖兄弟对机器人特别感兴趣,去年还获得了国际奥林匹克机器人大赛台湾地区选拔总决赛中部八县市国小组季军;及MIT(麻省理工学院)在台校友会协办的"Power Tech 2002台湾少年科技创作竞赛",曾获得优等奖与优胜奖。

他俩的指导老师陈穗祥表示,吴氏兄弟发明的"汽泡衣"具有救生、防撞与保暖等功能,兄弟俩的发明,是利用微小的"气囊"密布在衣服内衬中,当空气灌入气囊之后,膨胀的气囊使得"汽泡衣"具有救生、防撞与保暖等功能;如果将气囊中的空气排出,"汽泡衣"就恢复一般衣服透气及排汗功能,穿起来舒适又凉爽。

吴宸宇发明"汽泡衣"的动机是:有一次他要求与母亲一起去游泳,但是母亲却说她不会游泳,担心自己会沉下去,于是他就想发明"汽泡衣"来避免让母亲游泳时沉下去,这项发明在指导老师陈穗祥的鼓励下参加了瑞士日内瓦国际发明展。

他对创新情有独钟

高高的个子，站在阳光下挺拔得像一棵小树，俊朗的眉宇间，透出机灵。这就是中山区中心小学六年级三班的卢京皓给人的第一感观。

热情、开朗的卢京皓是个爱动手动脑的聪明学生，是全校有名的"新闻人物"。2002年，他获得了第二届宋庆龄少年儿童发明优秀奖，第十七届大连市青少年科技创新大赛二等奖。2003年，他获得了辽宁省青少年科技创新大赛二等奖，大连市青少年科技创新大赛一等奖。

兴趣是他最好的老师。他的父亲是搞科研工作的，很小他就在父亲身边听到"科学"这个词。"科学是什么?"孩提时的他在想。看到父亲工作时，他就好奇地凑上去，问问这，动动那，父亲看在眼里，暖在心里，并耐心地对他讲解什么是科研工作、什么是科学知识等等。久而久之，他便可以成为父亲的"小帮手"了。在父亲的耳濡目染下，他对科学知识的兴趣与日俱增。尽管平时学习忙，活动多，但他总是喜欢挤出时间看一些课外书，从书中学习知识，汲取养分。遇到电视播放"科技博览"、"异想天开"等节目，他更是不放过。四年级时，参加了学校组织的科技冬令营，科技的感召力再一次让他兴奋不已、流连忘返。可以说，这次置身于科技殿堂的经历，不仅提高了他动手制作的能力，还令他在多项思维的锻炼中提高了科学思辨的能力。记得有一次，他在书中看到有一种可以做各种物理实验的"牛顿箱"，于是央求爸爸给买一个。后来爸爸去北京出差，为他实现了这一愿望，或许正是这不断萌发的梦想和不断实现的愿望，促成了他情有独钟的热情，一发而不可收地进行着各种实验，钻研着科学知识，享受着在科学的海洋里畅想遨游的乐趣。

"喜欢观察，更喜欢动手……"小时候就喜欢玩"多米诺骨牌"的他，从刻木剑开始，到做单筒望远镜、潜望镜，从盲目模仿，到寻规律找科学依据，一遍又一遍地做，一次比一次进步，遇到实在弄不懂的问题，就虚心向父母、老师请教，渐渐地，他们也都成了卢京皓的"知心朋友。"有一段时间，他对家里的门镜产生了兴趣，拆开又装上，装上又拆开，心想，他也要做一个自己喜欢的单筒望远镜！想法确定后，他跑到书店翻阅了许多光学方面的书籍，了解了成像的相关原理，回家后，找来工具和材料，运用自己所学到的知识进行精心的制作。开始时，掌握不好两个镜片之间的距离，用"做好"的望远镜一试，眼前一片朦朦胧胧，什么也看不清。后来经过多次试验，终于制作成功了一个自己理想中的单筒望远镜。看着自己的劳动成果，他心里别提有多高兴了，同时，也让他懂得了一个道理——理论只有和实践相结合，才能使人生变得更精彩。

科学发明来源于生活。他发现，每天放学，同学们都要从家长的夹道里"冲"出来，而家长们更是不敢有丝毫的溜号，生怕找不到自己的孩子。唉，有没有一个让家长、学生都得益的办法？他思考着，把自己的想法和爸爸、老师说了，在老师的指导和爸爸的帮助下，经过多次实验、改进，终于做出了"放学了"显示器，这项"发明"获得了第二届宋庆龄少年儿童发明优秀奖，第十七届大连市青少年科技创新大赛二等奖。

随着学习的深入，年级的提高，同学们的书包也越来越沉，为了不让书包滑下，他和同学们一样不自觉地将肩向前躬，时间一久，便开始驼背。爸爸见了，就经常提醒他，让他挺起胸。他也坚持挺胸，可是没多久便又开始驼背。为什么背着沉书包就会驼背？他和爸爸探讨这个问题，"会不会与力有关？"爸爸有意点了他一下。"力"？他赶忙翻书查找与力有关的知识，他想，书包背在后面会驼背，那书包背在前面或者分配在身体的前面和后面还会不会驼背呢？这些想法让他试着改变书包的形状。经过画图、论证、制作、改进，他做出了"企鹅"防驼背书包。这一"发明"获得了辽宁省青少年科技创新大赛二等奖，大连市青少年科技创新大赛一等奖。

"每一件事、每一件物在他的眼中都要经过习惯性思考：是否还可以更好……"正因为如此，他总能寻找到创造的灵感。

卢京皓喜欢发现，同时也注重积累知识和参加学校的各项活动。他的各科成绩一直很优秀，而且还被评为中山区的"三好学生"。现在他已不满足简单的小制作，他希望早点进入大学，用那双会发现的眼睛，完成梦想中"科技含量更高"的发明；他崇尚科学，正在努力使自己成为21世纪社会主义现代化事业合格的建设者和接班人。

永不言败

在我们的生活和学习中，肯定会遇到很多不方便的事，我们正在使用的很多东西，也会有很多不尽如人意的地方，需要大家不断地通过一项项小发明来加以改进。伟大的发明家往往是从一项小发明开始起步的！

章晓军发明的"残疾人方便拐杖"在浙江省亿利达青少年发明比赛中获得了二等奖，并在全国发明展览会中摘取了银牌。在这之前，章晓军的"发明之路"并不是一帆风顺的。他的第一个发明"摔不破的眼镜"就不太成功。在做运动时，眼镜掉到地上摔破了，这件事触发了他的灵感。于是，他首先想到加固镜片，增加镜片的牢固度，再将镜框做得更有弹性一些，使得眼镜在落地时镜片不至于着地。"摔不破的眼镜"做出来后，经试验在平地上还行，但在凹凸不平的地面上还是会摔破的。

他的第二个发明"变焦的透镜"又失败了。在透明的圆形弹性材料里充入气体或水，随着压进的气体或水的容量不同，透镜的焦距也不一样。但因透光性好的弹性材料很难找，"变焦的透镜"效果不佳。

创造发明说容易也容易，说难也难。难易之间有时像只隔着一层"纸"，但捅破这层"纸"却并非轻而易举。

这两次不成功的经历，并没有使章晓军泄气。他仍然用挑剔的眼光仔细观察日常生活中习以为常的事物，发掘它们的不完善之处，寻找改进它们的最佳方法。

1997年的春天，章晓军的邻居大叔在外地打工扭伤了腿，拄着拐杖回家休养。看着邻居大叔拄着拐杖艰难地上下楼梯，艰难地弯腰捡拾地上的东西，艰难地下蹲上厕所，他想问题主要出在拐杖上。拐杖不能像人的腿一样能伸屈，只要缩小两者的差别，就能给腿脚受伤的人和残疾人带来行动上的方便。

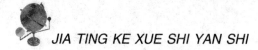

必须发明一种新的方便拐杖。刚开始，他想到用螺旋调节拐杖高度，但旋转的速度太慢，在指导老师和同学们的启发下，他将螺旋调节改为可以自由伸缩的弹簧来调节。根据这个思路，他设计出图纸，到校办工厂和工人师傅一道做出样品，一试效果不是太好。弹簧放在拐杖的下部，压缩时很费力气，而且噪声太大。再改进，把弹簧放到拐杖的上部，并且定位开关也做了调整，一根升降自如的"残疾人方便拐杖"诞生了。当他把自己制作的方便拐杖送给邻居大叔时，瘸着腿的大叔不仅日常生活方便了许多，而且出门乘车上下时，也能方便自如了。

"残疾人方便拐杖"送去参加浙江省亿利达青少年发明比赛时，受到评委的一致肯定，获二等奖（一等奖空缺），并代表浙江省参加全国发明展览会，摘取了银牌。

中国"汉字全息码"的最小发明家

杜冰蟾在读初中时就发明了"汉字全息码",一举解决了汉字电脑化的世界性大难题,是中国"汉字全息码"的最小发明家,作为世界发明家被载入《世界名人录》,是《世界名人录》中年龄最小的一个。

从杜冰蟾的太祖父开始编辞书起,杜家便成了辞书世家。父亲杜小庄,虽是物理系毕业的高才生,后来也全力以赴,主编起王竹溪遗著《新部首大辞典》来。小冰蟾从躺在摇篮里的时候起,映入眼帘的就是家中书架上最醒目的那一百多种辞书。

在小冰蟾两三岁时,妈妈因工伤住院。她只好随爸爸一起吃着泡饭,一块上下班。终日工作的爸爸,无奈地扔给这个"呀呀"学语的孩子两本画册,一支彩笔和几张纸片,小冰蟾涂呀、画呀,诱人的线条,变化莫测的符号,多彩多姿的图案,深深地吸引了她。

在她读小学时,父母为她订阅了许多书报杂志,稍大些又为她买了大量中外文学著作及天文地理等科普书籍。从此,她对书发生了浓厚的兴趣,和书交上了朋友。遇有书中不认识的字,不理解的词,她总是查字典、翻《辞海》、找《辞源》,从小养成了运用工具书的习惯。

杜冰蟾之所以发明出"汉字全息码",她说:"是在爸爸启发下搞的"。在家中,爸爸读书,她在一边写字,爸爸为《新部首大辞典》校对原稿,她也来帮助校对。校来校去,她发现一个问题并大胆提出:"爸爸,怎么'义'字两个部首都有呢?",爸爸解释说:"'义'很难确定,所以'、'、'义'部都收入义字。"她敢于发表自己的意见:"那为什么不按笔顺规则来收呢?如果按着先上后下的笔顺,'义'字只收集在'、'部就可以了嘛?"。

爸爸觉得女儿的话颇有道理,马上加以鼓励。但心里又一想,王竹溪是国际上著名的物理学家和数学家，是杨振宁的老师，王老花了40年时间著成的这部大辞典，在当今的字典中算是最先进的了，面对这样的权威人物，刚读初中的女孩子敢于提出不同的意见，真是"初生牛犊不怕虎"。但转念一想，既然女儿说的有道理，为何不叫她大胆试试呢！于是带着既鼓励又挑战的语气说："你可以按着自己的思路也搞一套部首检索法呀！"

杜冰蟾从小对爸爸的话深信不疑，认为这是爸爸交给自己的神圣使命，于是一头扎进部首检索之中，整天捧着书本阅读。从小学课本中认真地找出100个字，一点一横地分解起来，分解好后找爸爸看，爸爸觉得小冰蟾很会动脑。小冰蟾的认真劲感动了爸爸，于是他找来了国家规定的1000个常用字表，叫小冰蟾继续分解，这对一个刚读初中的学生，绝非一件容易的事。"热爱是最好的老师"，也许是她对这繁复工作的热爱吧，不几天1000个汉字很快分解完了，爸爸看到厚厚的一叠稿纸时，震惊了，发现她分解的重码很少，思路清晰，于是爸爸不断地为她输送3500个字的常用字表，7000个字的通用字表，10000个字的冷僻字表，1000条词语表……积极地支持女儿的创造。

杜冰蟾的耐心和毅力是非常惊人的，每天放学认真完成作业后，就像被钉在写字台旁似的，连续几个小时，就再也不肯起来。每天5点钟起床，晚上一直工作到12点，一点一横，一撇一捺，上形下声，左形右声，外形内声……枯燥无味的来回重复。她像是着了魔似的，整天忘记了吃饭，休息，甚至忘记了上学。三年多，为分解字体，调整部首，光草稿纸就用了几麻袋。

这是非常难的一件事，很长的一段时间里，她在200个部首中徘徊不前，陷入极度苦闷之中。因为200个部首数目太大，又很难编入26个拉丁字母键盘中，而三位数对编码又带来很复杂的问题，她绞尽脑汁，施展所有智慧，仍不能找到解决问题的办法。她的妈妈杨惠珍，看着被200个部首折磨得日渐消瘦的女儿，一边忍着泪，一边鼓励她：强者是不会被困难吓倒的。小冰蟾把自己反锁在房间里，谁也不许进去。无数次的反复，善良的妈妈也感到无可奈何了。一次在一旁自言自语："非要200个部首，100个不行吗？我们中国人都喜欢100这个数，100是个吉利数，百寿图、百福图……"说者无意，听者有心，吉利的100这个数目使冰蟾开了窍，她就沿着这个路子，向

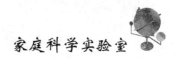

一百个部首挺进。

　　"世上无难事，只怕有心人"经过三个昼夜的摸索和编排，一张面目清晰的 100 个部首表诞生了。为了使部首表更趋科学化，她用自己课余时间学习的排列组合和统计分布离散的知识，终于将 100 个部首的拼音、笔顺、笔画顺利地编进了 26 个拉丁字母的键盘和 01—99 的二位数，从而解决了汉字电脑化的大难题。

　　经过三年的努力，一千多个日日夜夜的辛劳，终于完成了"汉字全息码"。更令人欣慰的是，杜冰蟾成为中国"汉字全息码"的最小发明家，她说"我还要努力，争取给中国和世界再留下光辉的一页"。

　　把繁难的方块汉字输入电脑，是本世纪以来举世瞩目的大难题，东西方专家、学者花了几十年功夫也没有攻克的难关，却让一个中学生解决了，这是她的骄傲，也是中国人的自豪和骄傲。

16 岁的 "创造之星"

广西大学附属中学初三（1）班的男生卓越摘取了"十杰"中的"创造星"荣誉称号。虽然他才16岁，但他设计的电脑软件已有30多个，并作为主力队员两次代表广西中学生参加全国青少年电脑机器人竞赛。"我的偶像是比尔·盖茨！"作为小发明家的他总是这么表示。

儿时爱拆玩具

"他呀，小时候的玩具没一件是完好的！"卓越的妈妈说，儿子从小好动，赛车等玩具到他手里一会儿准被拆得七零八落。重新组装这些碎"胳膊"碎"腿"，成了卓越孩童时代最大的乐趣，也渐渐培养了他爱钻研的好习惯。长大的卓越是家里的"小维修师"，坏了的电风扇、录音机，他摆弄几下就好了，他帮同学修好的电子表，已经记不清有多少块。小学四年级的时候，他就发明了不会摔坏的防震笔——秘密是在笔管里加一截弹簧，利用物理原理增加笔掉到地上时的缓冲力。

说起儿子与电脑的结缘，卓母至今有些"遗憾"：为让儿子多长见识，身为教师的她给卓越办了一本市图书馆的借书证，没想到卓越偏偏迷上了图书馆的电脑室，每次泡在里面久不出来，反倒书没借几本。为圆儿子的心愿，1999年，父母咬咬牙花掉8000元积蓄，买回一台电脑。五年来，这台电脑已被卓越"玩"坏了两个主板、两个软驱，但仍运转至今。

三元钱卖掉软件

跟许多孩子不一样，卓越着迷电脑不是玩游戏，而是编程序。那些看似单调枯燥的字符，在卓越眼中却变得生动多彩。除了上课请教老师外，卓越还常常上网求助"高手"，并因此跟清华大学一名计算机专业的大学生成了好友。另外，卓越攒的零花钱绝大部分都花在了买电脑书上，逛星湖路的电脑城是他闲暇最大的爱好。看见儿子在电脑前一待就是几个小时，担心影响学习的卓母忍不住几次拔掉电源线。可卓越总能以名列前茅的好成绩说服妈妈。

卓越津津有味地说起他的第一次编程发明——小学五年级时做出了一个名叫"杀毒专家"的游戏软件，即设计几个代表病毒的简易图标在游戏中奔跑，以玩家"吃"掉病毒的数量分输赢。这个新鲜的游戏软件引来周围同学一阵好奇，小伙伴们当时放学后都跑到卓越家，迫不及待地分享他的发明乐趣。后来，一个小朋友还"开价"3元钱，把这个游戏软件买回了家。

卓越发明的电脑软件很具生活化。上初二时，担任班干部的卓越发现，每逢班级或学校开文艺晚会，统计节目评分就成了令人头疼的事情——一张张记分的纸片加来减去。于是，他想到了设计一个自动评分的电脑程序。经过近一个月的努力，他成功编写出电脑软件"评分专家"，只要按照程序提示，输入评委人数和评分分数，这个软件就能自行运算节目平均分，并能按具体要求，自动去掉若干个最低分或最高分。这项新颖实用的发明，获得了2002年青少年科技创新大赛优秀项目一等奖。

特别是在卓越家的电脑上，还有他为帮助妈妈做家务发明的一个电子助手"大眼蛙"。卓越有些不好意思地说，一次，妈妈叫他热骨头汤，因为不记得时间，整锅汤被烧得煳味满屋才反应过来。现在，他设计的电子助手具备闹钟等多项功能，可以定时发音并跳出屏幕对话框提醒他，这样他就可以安心边玩电脑边做家务了。

16岁的卓越已编写了30多个软件，在2003年的全国电脑机器人竞赛中，他作为主力队员代表广西中学生参赛，获得了个人常规项目三等奖。卓越是比尔·盖茨的忠实崇拜者，光是介绍比尔·盖茨的书就收藏了厚厚三大本，而且，他用的英文名全用"比尔"开头。卓越说，他长远的愿望是开家电脑公司，做一名响当当的IT精英。

爱心发明

现代的学生勇于发明创造。"多功能捣蛋机"可轻易将蛋黄和蛋清分离；"简易快速播种器"不仅将农民从手抓种子一粒粒播种中解放出来，而且速度是手工播种的七八倍；"防雨淋自动收衣装置器"可轻松解决家庭主妇的后顾之忧……谁能想到，这些在第17届海南省青少年科技创新大赛上获奖的发明创造，竟出自一群中小学生之手。

海南省定安一小六年级小学生王星焘就是获奖学生中的一位。他不仅学习成绩优异，还活泼淘气又"有心"——遇到觉得新奇的东西，他非要弄懂不可。好奇加上"有心"，为王星焘发明创造做了很好的铺垫。有一次他放学回家在路上玩耍时，看到泥水工建房子时要测水平，用一条小胶管灌进水，当作U型连通管，以胶管两端的水面画点定水平。胶管小灌水难，且会漏水，要不停地灌水。他想，要是有一种东西既能科学地测水平又能轻松地操作那该多好。在指导老师吴宏锋的点拨和指导下，王星焘设计出了"快速测平仪。"

去年，海南省首次全国青少年科技创新大赛优秀项目（一等奖）获得者李戎也是定安一小六年级小学生。李戎在家是独生子，"放假回老家玩，常看见农民在地里种豆时用手抓着种子，弯着腰一粒一粒地播种，速度慢而且很累人。"李戎曾到地里帮爷爷奶奶种豆，不一会儿就感到腰酸背痛。他决心为种地的农民发明一种简易快速播种器。他应用杠杆原理，用凸轮、连杆和弹簧巧妙结合，后连杆上设置多个播种杆同时播种，达到快速播种的目的，且这种"简易快速播种器"轻便，耗材成本低，容易制造。

他们的指导老师吴宏锋曾说过，发明创造并不只是大人们的"专利"，即使是知识还不完备、还不系统的小学生们，只要"有心"，就会找到"金点

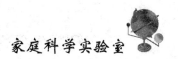

子"发明出一个个新奇而实用的东西。

许多人都对能够进行发明创造的孩子们有如此大的能耐感到惊奇不已。曾被评为"全国优秀科学教师"、"全国优秀科技辅导员"的海口景山学校特级教师张一揭开了谜底——这些科技发明与创造都来源于孩子们平时的细心观察与思考。

张一老师认为，只要学生去做了，对于发明创造的结果并不十分重要，重要的是在这些科技创新课题实施的过程当中，使学生拓展了思路，开阔了视野，培养了学生的创新思维，锻炼了学生的实践能力，初步了解了"做学问"的方法。从这个意义上讲，做科技创新课题并没有失败的，科技创新课题的发现也不是什么难事。即使课题暂时没有创造出什么结果，但至少培养了学生发现问题的慧眼，这就是一个很不错的收获！

"下一个'爱迪生'什么时候出现并不重要，重要的是孩子们在发明创造中培养了一种对科学的兴趣以及孜孜不倦的探索精神。"张老师这样认为。

在青少年发明创造的创意上，都有一个共同的现象，那就是尽量选择一些人性化的设计，力求对日常生活有所帮助。在这一点上，所有的发明创造可谓是"英雄所见略同。"

为了减轻养殖业户的辛劳，海南省儋州市第二中学的学生发明创造的"自动投放饲料机器人"，有效减少了劳动力的投入。

海南省昌江县是芒果之乡，芒果是昌江的支柱产业，由于芒果花期遇低温阴雨，造成芒果花穗变褐，有花无果，导致减产。为了探讨芒果能否复花的课题，少先队昌江一小科技大队的小学生们进行芒果复花试验，获得丰产，为果农在低温阴雨天气情况下增收提供了有力依据。

"浴室提醒装置"方便了家里人的洗浴，让老人们更加安全。"入室防盗器"、"智能抽水控制系统"等发明创造，都能从发明的项目名称上看出其用途。

小有名气的小发明家

　　说他是明星，也许很多人并不知道他的名字，但他又的确小有名气，多次参加省市及全国青少年科技发明制作比赛并屡获佳绩。他就是荣获两项国家发明专利，并夺得由国家知识产权局、中国发明协会、国家科技局等单位主办的第13届全国发明展览会银奖的厦门市故宫小学的黄骏同学。

　　黄骏从小就喜欢观察、看书，对什么事情总是充满好奇，遇到感兴趣的东西，总想揣摩揣摩，也总是"打破砂锅问到底"，或是来个异想天开。为了满足他的好奇心，爸爸妈妈给他买了许多课外读物。阅读拓宽了他的视野，启迪了他的思维。勤于观察，乐于思考，带给他许多可贵的发明制作灵感。一次，黄骏在观看工人师傅检测工件时，发觉工人师傅以水平仪中央的气泡是否居中来检测工件是否水平。水泡移动的现象引发了他的思考：哪些带有倾斜度的工件，又怎能被迅速测出倾斜度呢？他把玩着水平仪，动起了脑筋。不管你怎么摆放水平仪，中间的气泡总是朝上的，并成一定的夹角，那么是否可以在现有的基础上对水平仪进行适当的改造，将其做成一把可以测量倾斜度的水平尺？黄骏把这个想法告诉了爸爸，从事技术工作的爸爸听后鼓励

地说："想法不错，你不妨大胆地试试。"有了父亲的支持，黄骏就捣鼓开了。他选择了一个透明的圆缺形密封容器，将其固定在水平尺底座上，并嵌入尺体，密封的容器内装有液体但留一点点小气泡，容器表面有一中心标记，底座内凹的斜面上标有角度刻度，将此尺置于

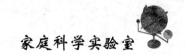

带斜度的物体上，可测出任意斜线的水平夹角。在科技老师和爸爸的支持下，黄骏同学成功地制作成了"全方位水平尺"，并在第13届全国发明展览会上荣获银奖。

人生自小当立志。可人生价值的实现，不仅在于立志，更在于为实现志向付出不懈的努力。对于这一点，黄骏同学说得好："我赶上经济腾飞、科技飞速发展的新时代，这就需要我们青少年从小扬起理想的风帆，立下科技兴国的大志，为实现祖国的现代化而努力。"

别具一格的小发明家

您见过葫芦形、四方形等各种形状的瓜果吗？雷州市附城中心小学四年级学生、现年9岁的陈爱迪一郎把这个愿望变成了现实，他发明的"克隆如意瓜果模"在去年第十七届广东省青少年科技创新大赛中，荣获一等奖，2002年4月5日，国家知识产权局给一郎寄来了发明专利初步审查合格通知书（根据专利法第三十四条规定，自申请日起满十八个月即行公布）。

一郎从小就是一个好奇心极强的人，有一次，一郎在吃西瓜时问父亲，西瓜是怎么长出来的？父亲回答，把西瓜子种到地里，经过认真管理、施肥，就慢慢长出苗来，最后结成果实。好奇心极强的一郎，要求父亲教他种西瓜。在父亲的指导下，一郎种的西瓜长势很好，并结出一个个小西瓜，这让他高兴不已。可好景不长，西瓜被老鼠咬成一个一个的洞，他伤心地哭了，连忙跑去问父亲，怎么才能保证西瓜不被老鼠咬破？这可是个难题，他父亲也没有办法，只好叫他自己想办法。

第二天，一郎找来一些各式各样的塑料瓶，然后再把小西瓜按大小分门别类用瓶子装起来。好几天过去了，小西瓜没有再被老鼠咬破了，而且在瓶子里长大了许多，然而新的问题又来了—西瓜拿不出来，他只好等西瓜长大把瓶子撑破后取出。

几天过去了，瓶子不但没有破，倒是西瓜长满了整个瓶子，并顺着瓶口方向往外生长。他感到非常有趣，如是就"克隆"其他形状的西瓜，如长方形、梯形、孙悟空及各种动物形。

他父亲见到后大加赞赏，认为这样不仅可防鼠、防虫，避免农药污染，而且具耐贮耐运和延长保鲜期等优点。随即，他父亲建议一郎在果模四周开设泄水汽孔，可防止模内积水并利于阳光照射散热，采用无毒无害的透明塑料制成果模，然后在果模上设计各种各样的文字图案。从那时起，一郎就对这种果模产生了浓厚的兴趣，自己种出各种水果，如芒果、木瓜、杨桃，待到挂果时，他就随心所欲地"克隆"各种样式的如意水果。

有关部门说："克隆如意瓜果模是一种最新发明的农业生产用具，结构简单，成本低廉，使用方便，根据需要在各种瓜果成熟前的生长期套上合适的果模就可克隆成同该果模一模一样的果品。如三角形、正方形、长方形等各种立体图形，以及心形、卡通形、动物形，甚至名人伟人的脸谱头型。在果模上还可设计各种图案和文字，如奥运会图案标志、爱、情、福等。克隆一个重150克的苹果或橙子的果模成本仅需几分钱，克隆一重3千克的西瓜果模仅需几角钱。"

瓜果模可多次重复使用，生产果模的设备是注塑机，原料是塑料，投资20万元可成批生产，不论生产果模或克隆果均可获成倍的利润，如果克隆可长期保存和观赏的葫芦瓜干品和玩具型番瓜效益更加可观，各种瓜果套上果模后既可防害虫、防碰撞，又可避免农药的污染，且耐贮耐运、延长保鲜期。

孝顺父母的小发明家

在深圳市青少年发明大赛展览会上，一项名为"楼房污水回收利用装置"的发明引起很多参观者驻足关注。展品说明标签上写着：发明人——于金田，深圳新洲初中一年级学生。旁边还有一项发明，叫"内刷式自动储水箱"，发明者也是于金田。

他是一个遇到问题喜欢动脑筋、做事细致有条理、非常善于联想、特别孝顺父母的孩子。别看于金田年龄小，却具备从事研究发明的良好素质。说到联想，于金田的母亲说，还在东北上小学时，儿子就曾经设想，用宇宙间的黑洞来回收各种污染物和垃圾，以保持地球生态平衡。教科学的安老师说，在一般人看来，小孩子的想法未免有些荒诞不经，其实人类许多伟大发明最初都曾被斥为荒诞不经。有人问安老师，于金田在学校有没有搞出什么发明创造。"有啊。"他说上学期学校的一项调查表明，由于课桌设计不合理，很多高个学生上课时不能把腿放到课桌下面，只好侧身或弯腰坐着，不利于身体发育。于金田了解到这个情况，很快就研究发明了一种能使桌面方便升降的装置。校方认为有可行性，初步决定先在校内推广，成熟后再向市教育局推荐。

有一个来访者说："展览会上的发明项目，都很有孩子气，一看就知道是孩子发明的，而于金田的发明项目却很有大人气，也就是说孩子很难想到这些问题……"听出了他的话外之音的安老师不等他把话说完就回答道：为了保证发明成果的客观真实性，有关专家事先对所有参展者都提出各种问题进行测试，比如发明原理、制作工艺和技术要点等等。

在展览会上，看着这些精巧的发明，有人对于金田说：能看得出来，你的发明很巧妙也很周密，但对有些问题我还是想不明白，比方说"内刷式自动储水箱"吧，你的"内刷"确实达到了自动化，但问题是要用水时，把水龙头一拧就来水了，何必要储水呢？如果不需要储水，那么也没必要刷水箱了。不需要刷水箱，你的自动装置也就没了实用价值。

小于说："产生搞这项发明的念头时，我家在东北，还没搬到深圳来，我们那里生活用水紧缺，只在每天早晨供一小时水。我妈每天都要早起接水，如果睡过了时间，就一天没水用。而且爸爸还要经常清洗水缸，很费事，我心疼他们，就想搞个发明，既能自动储水，又方便清洗。"他有点遗憾地说，"没想到深圳不存在这个问题，发明搞出来，爸爸妈妈却用不上了。"有人鼓励他说："如果这项发明将来能投入生产，对北方那些缺水地区还是很有用的。"

又有人问"楼房污水回收利用装置"的发明动机，于金田说也和北方缺水的生活经历有关。"看到爸爸妈妈对水那么珍惜，我就觉得水只用一次太可惜了，应当回收再利用，这样也有利于环境保护呀。"

听到这里，让人不禁暗自感慨：都说兴趣是学习和发明的原始动力，可是从于金田的经历看来，有时候来自孝心和亲情的责任感也能给人灵感和力量。

又有人问于金田：搞一项发明，比如"楼房污水回收利用装置"，都要突破哪些技术难点。

于金田胸有成竹地说："原先我设想把自家的洗菜水和冲凉水用抽水机收集起来，但后来考虑到抽水要用电，就改成了让楼上的废水流到楼下人家。接着又想到废水的过滤净化、水位控制和水源补充等问题。碰到难题，我就上发明网查询有关资料，比如水位控制，我就借鉴了抽水马桶原理。"

"这些发明都是你独立完成的吗……有没有人帮助你？"

于金田说："很多零件的制造和购买——比方这个有机玻璃储水桶，就完全是我爸爸的功劳。"

于先生以前是位骨科医生，他说："我按金田的设计图，买来几块有机玻璃板自己做，结果都裂了，后来就委托外面工厂加工。"

于金田的两项参展发明通过了国家专利部门初审。有人再三要求后，终于看到了于金田和某商家签订的关于"楼房污水回收利用装置"技术转让协议，总成交额是 150 万元。

关心环境卫生的蒋天羽

　　一个小学五年级的女学生，格外关心上海的苏州河，花了许多心血，创造发明了"苏州河上会吃垃圾的机器鱼"，还于去年申请了专利，并获得了国家专利证书。她就是杨浦区控江二村小学五（1）班的蒋天羽。

　　当她和爸爸去欣赏黄浦江美景，看到顺水漂来的垃圾时，心里愤愤然，不由得为那些不文明的人感到愧疚。为让河水更清洁，于是，她设想创造一条会吃垃圾的机器鱼。她把这个想法告诉了老师，并在老师的鼓励和指导下画出了设计图。蒋天羽的机器鱼需要用电力来推动，在爸爸的建议下，她采用了太阳能，但万一哪天没有太阳怎么办？这个问题让她伤透了脑筋，但她并不服输，从课外书中翻阅资料，孜孜不倦地仔细阅读，寻找解决问题的办法。并在老师的指导下，解决了储能问题，让自己的鱼"活"了起来。为进一步完善"鱼"的功能，使"鱼"更灵活，在胶水的问题上又遇到了困难，但她依然不服输！在制作过程中总结经验与教训，就这样不断地学习、请教、实践，一条漂亮的机器鱼终于做成了！这条"会吃垃圾的机器鱼"在"上海市少先队科学创意比赛中荣获一等奖"。这时有人建议用遥控会更好，于是蒋天羽说干就干，在一番努力后终于完成了对"鱼"的摇挖操作。此后蒋天羽的机器鱼又获得了一个一等奖，她自己也获得了宋庆龄奖学金和中国少年科学院小院士的称号。

　　小小年纪的蒋天羽，不仅关心和爱护着身边的环境，还能为清理江河中的垃圾而想方设法搞发明。她那种敢想敢干，敢于创新的精神令我们佩服！她那种永不放弃，刻苦钻研，不服输的韧劲尤为可嘉，终于征服了发明创新过程中的一个个拦路虎。

　　蒋天羽的创新经历，有酸有甜、有苦有乐，她之所以能做出这样的作品，

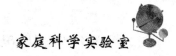

因为她心中有祖国，热爱祖国的大好河山，希望祖国天更蓝，水更清。她善于观察，勤于思考，她那种永不服输、勇于实践的精神在整个创造过程中都体现出来了。正是因为有了这种精神，所以一切困难和问题都向她低头了，她的机器鱼才能够获得成功。

获奖之后，她并没有骄傲自满，而是谨记着全国人大常委会副委员长、中国民主促进会主席许嘉璐爷爷的话："社会非常需要这样的发明，希望你们不断努力，有更多的创新发明。"这话不仅仅是对蒋天羽说的，也是对我们青少年说的。是啊，这是社会与历史赋予我们的责任与使命。切切不能两耳不闻窗外事，一心只读教科书，要做到家事、国事、天下事，事事关心，像蒋天羽那样，关心身边事、天下事，从小培养创新意识。

小小发明家中的"明星"

在顺德区"第二届职业院校学生专利发明大赛"颁奖大会上，来自李伟强职校的罗汉文成了小小发明家中的"明星"。他不单获得了本次大赛的一等奖，还作为获奖学生代表，向数百位与会者发表了他的《我发明、我进步、我快乐》的演讲。

据罗汉文介绍，构思遥控电动升降麦克风架开始于2003年。当时他刚就读李伟强职校，担任学校音响广播系统技术员。他发现，在学校召开各类会议时，由于发言人身高不同，麦克风的高度就要随之调整，每次调整都要有人亲自操作才行，非常影响会议进程。他突发奇想："能不能发明一个可以遥控调节高度的麦克风架呢？"在辅导老师的帮助下，罗汉文连续奋战了五天，终于试制出了第一支可遥控升降的麦克风架。

后来，顺德开展水环境调查活动，节约用水成为活动的重要内容之一。罗汉文也积极参与到活动中。他发现，洗车行业对水资源的浪费惊人，便想发明一个可以节水的装置来减少浪费。在五一长假期间，他成功制作了一个循环节水装置，可以将洗车水收集、沉淀、过滤后，再次利用。经过调查计算，他认为，就顺德区内的400多家洗车场，一年的节水量就可以达到800多万元！

罗汉文透露，目前他已有13件发明作品，其中九件获得了市、区级奖励；而他的洗车水循环装置更将有望参与"全国小小明天科学家竞赛"。"发明创造给了我知识，也给了我信心，更给了我快乐！因为我发明，所以我快乐！"罗汉文说。

从"破坏王"到小发明家的转变

赵念从小就对身边的一切充满好奇。四五岁的时候，她拿着闹钟，睁大了眼睛问妈妈："为什么这个东西会动会响呢？我可不可以看看它里面是怎么回事呀？"妈妈递给她一把小起子，不一会儿，闹钟在赵念的野蛮"摧残"下被拆得七零八落。

她家里的小玩具、洋娃娃全都难逃"噩运"，不是被她大卸八块，就是被她"开膛破肚"，统统面目全非。赵念在干完"破坏工作"之后，总会大声宣布："这个太简单了，我以后要做一个更好的！"就这样，赵念成了家里的"破坏王"。

值得庆幸的是，赵念的爸爸妈妈对女儿的破坏行为不仅"放纵"，甚至常常还扮演"帮凶"的角色。遇到女儿好奇的问题，他们总是鼓励孩子自己动手去探个究竟。

赵念的爸爸从事技术工作，常常在家里摆弄一些复杂的线路。赵念总是着迷地看着爸爸工作，不时地问上一些问题，爸爸也都耐心解答。渐渐地，简单的问答已经满足不了赵念的求知欲，她央求爸爸给她一些动手的机会。

焊电路板是她的第一件差事。当赵念兴致勃勃地把焊好的电路板拿到爸爸面前"邀功"时，爸爸哭笑不得——焊锡一大团一大团地粘在了一起，电路多处短路。赵念并不气馁，虚心地向爸爸请教焊接的要领，在废弃的电路板上反复练习。当她再次得意洋洋地展示焊接"成果"时，爸爸已经挑不出毛病了。

上初中了，在物理课上学了电学原理之后，每次遇上保险丝"罢工"，赵念都会抢先卷起袖子，关掉电闸，三下五除二地左拧右拧，就让家里恢复光明。

　　赵念是个沉默内秀的女孩子，平时比较喜欢思考，她的一些发明创造的小点子也都源自对日常生活的观察与思考。

　　曾经一段时间，电视、报纸上频繁出现有关汽车追尾事故的报告。于是，赵念设想着要在汽车上加一种装置，以避免事故的发生。她了解到：追尾事故的发生多是因为前车紧急刹车，后车来不及做出相应的反应。她脑海中灵光一闪：何不让紧急刹车发出比正常刹车更为强烈的警报信号。

　　然而，这样的警报设施虽可以起到提醒作用，却不能在两车相撞时起到安全保护作用。于是，赵念又开始思索着，要给汽车加个"防撞衣"。那天，她乘坐公汽，偶然目睹了一辆小货车与的士相撞的惊险一幕，庆幸的是前面那辆小货车后面载的一张席梦思床垫，竟将后面迎头撞上的的士给"弹"了回去，一场车祸被奇妙地化解了！而赵念的"可识别快慢刹车的汽车安全保护系统"也受此启发，得以进一步完善。

　　拿了三个国家专利，而且保持学习成绩在班上名列前茅，在这些成功的背后，赵念可吃了不少苦头。

　　赵念的学习很紧张，绝大部分课余时间都得花在功课上，发明制作只能见缝插针地利用间隙时间。发明设计考验人，动手制作更锻炼人。尽管精力、体力都很有限，赵念捋起袖子干起活来，可毫不含糊。

　　为了制作"可识别快慢刹车的汽车安全保护系统"的汽车模型，赵念从街上捡回人家装修剩下的废木板，用锯条切割成块。别看这项工作没什么科技含量，干起来还真不容易——木板比看上去的更硬，锯条比想象中的更难使。尽管不知用断了多少锯条；尽管双手被锯子磨得伤痕累累，痛得连工具都握不住；尽管最后成型的汽车模型十分简陋，甚至车轮还是个六边形……但最终，赵念还是如期完成了模型的制作。

　　看着一堆杂乱无章的原材料在自己的手中变成有模有样的小发明，这种欢欣无法言语。实践的过程中，赵念感受很多。她说这世界上只有想不到的，没有做不到的；她说很多事情说来容易做起来难，只有"又说又练才是真把式"；她说书本上看似枯燥的知识，运用于实际之后原来那么有趣；她说这个世界远比自己想象的要广阔……

排扰朗读器的发明

四川省遂宁市中学生胡北玲发明了排扰朗读器，获全国青少年科技小发明一等奖。

胡北玲是一个善于动手的女孩，她发明排扰朗读器诱因是因为学习。她说："上早读时，简直是乱成了一锅粥！谁也不管谁，嗷嗷地大声念课文，赶上大热天，简直要闷死了。便大喊几声'我实在受不了啦'。若在平时，这声音准吓人一跳，可在这儿，没人理会。"于是，她就有了这个想法，是否能发明一个排除扰乱的东西呢？

在科技小发明大赛上谈了她发明的整个过程：

一天，我到医院看病，由于医院条件差，里里外外乱糟糟，让人心烦。医生不怕乱，他把听诊器放在你胸前，仿佛外部世界都不存在了，静极了，要不，你体内的声音医生怎么听得见呢，我决定回家后做一个排扰朗读器，上早读课用。

我找来三个塑料盖儿，两个做耳机，一个当话筒，三个盖儿用两根塑料管连起来，一讲话，两个耳朵嗡嗡响，外界声音还真隔去了不少。但塑料管太硬，扎得耳朵疼，我换成了橡皮管和橡皮盖儿。什么橡皮盖儿？咳，就是眼药瓶盖儿。

妈妈让我去打酱油，售货员用漏斗为我盛油，我发了呆：油是液体，可以流动，声音不也是看不见的液体吗？我买了个漏斗，代替塑料盖儿话筒，效果好多了。

一个人迷上一件事的时候，脑子才灵呢。那些日子，我满脑子都是排扰朗读器。女同学拉我出去玩，对啦，我是她们的保护神、首领，她们戴在头上的发卡，启发了我，我做了个活动发卡，戴在头上，固定排扰朗读器，代

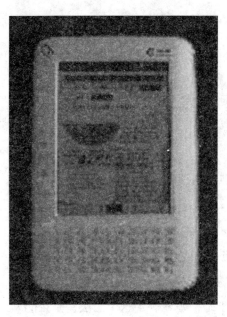

替过去的铁丝，就这样，一步步改进。

您问这排扰朗读器好用不好用？好用！第一，可以排除干扰；第二，可以纠正自己的发音；像原先那样乱成一锅粥，哪分得清自己和别人的声音？现在好了，不听别人的，就听自己的；这第三嘛，使用和携带都方便，可以像魔棍似的折叠起来。

我爸爸是个无线电爱好者，常为邻居修收音机，弄得屋里吱吱咕咕乱叫。我戴上排扰朗读器，照样复习功课，给我带来了很多方便。

少年"爱迪生"

当你旅游时，你拿着几个烦琐的背包，你会想到：如果旅游时腰间能扎一根神奇的带子，一根什么都能装的旅游带子，那该多好！

当你穿着裙子感到不便时，你会想到：如果有一种多功能式的君子，既可以当裙子穿，又可以当裤子穿该多好！

如果你是一位护士，你会想到：如果医院的点滴瓶子能安装一个报警器，当输液快结束时它会自动报警该多好！

其实，它们早已从"如果"变成现实，而把这些变成现实的，就是上海女孩儿裘苑。

裘苑还在上海江苏路第五小学念四年级时就开始搞小制作、小发明。她喜欢动手制作小东西，爱将自己在生活中萌发的奇想付诸实施。她大胆设想，精心制作，至今已有40多项小发明获得成功。

说起发明创造，裘苑说关键靠勤动手，勤动脑。走进裘苑的生活，就可以了解到她是怎样动手和动脑的。

裘苑非常喜欢旅游，学校里组织春游、秋游、夏令营活动，她总是个活跃分子。星期天，爸爸妈妈也经常带她去郊外、公园游玩。外出旅游时手上的提包不但碍事，有时一疏忽还会弄丢。有一天，裘苑和爸爸妈妈一起看一场打仗的电影，她看着看着却"走神"了，被解放军叔叔腰上扎着的子弹袋吸引住了。看完电影，裘苑问爸爸："能不能设计一根旅游用的腰带呢？"爸爸笑笑说："当然可以。"父女俩边走边谈。回到家，裘苑把旅游时经常要带的东西找出来，根据收音机、茶杯、皮夹等物品的尺寸，画起了设计图。设计好，她就动手做起来，边做边改，没多久，一根旅游腰带做出来了。往腰上一束，瞧：腰带上的十来个大大小小的布袋，有长的、方的、宽的、扁的各种形状。布袋里能放的东西可多了，袖珍收录机、旅行杯、毛巾、皮夹、面包、蜜饯……真是"腰带一束，应有尽有"。

夏天到来，许多女孩子喜欢穿裙子，因为裙子不但舒适凉爽，还使人显得美丽活泼。可是，一到上体育课时，麻烦就来了，由于学校规定上体育课不能穿裙子，所以每到上体育课前，女同学就一起涌到卫生间，你拥我挤地换裤子，真麻烦。

袭苑想，如果裙子既是裙子又是裤子该多好，平时是一条裙子，上体育课时，只要把裙子朝上翻起，再在两边装上拉链，一拉就成了西式短裤，这该多方便。想到这里，她回到家里就动手画了起来。她一会儿想，一会儿画，一会儿裁，一会儿缝，一阵折腾，她终于如愿制成了健美轻快的少女裙服。

还有一次，妈妈生病住进了医院，医生在给妈妈打上点滴后对她说："小姑娘，看好药水瓶啊！药水滴空前，马上来叫我！要是药水滴空，让空气进入血管，就会出事故，引发生命危险！"这话把袭苑吓了一跳，她两眼盯着玻璃管，看药水一滴一滴慢吞吞地滴着。

虽然妈妈病好出院了，但她的思维却始终没有离开那个输液器。她又在琢磨着发明一个自动报警器了。

开始，她想用称重方法，用一根类似杆秤的装置，当液体快输完时，"秤杆"就会下坠碰到电触点报警。后来，她发现输液瓶和橡皮管本身的重量不可能完全一样，而且病人手脚牵动也会引起失误报警，可靠性不高。学习了电子知识后，她想到可以利用电容原理搞出一种新颖的"液位探头"，配上声光报警器，用于医用输液报警，效果一定可以。经过多次试验，她终于发明了一个电容探头，然后接上报警器，这样就可以自动报警了。

这项发明，使袭苑获得了1988年"亿利达青少年发明奖"一等奖，并获得了国家专利。为此，上海团市委也授予她"少年爱迪生"的称号。

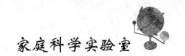

第一次成功的"未来之星"

浙江省嘉兴市秀城区余新镇中心小学六（1）班的章远骏同学，发明的"洗荸荠机"，在第十九届全国青少年科技创新大赛中获得一等奖。这是浙江省本次参赛作品小学组惟一的一个一等奖，老师为他高兴，同学向他祝贺，而章远骏却谦虚地笑着说："这是我第一次成功！"

章远骏同学遇到事情总爱问个为什么，平时拿到玩具总是喜欢拆开它，看个究竟，但也会重新把它组装好，平时也喜欢动手制作一些小玩意。他还爱体育活动，在区里的体育比赛中常常获得名次。因为生活在农村，和其他生活在农村的同学一样经常做家务活。

章远骏家每年都有种荸荠的习惯。每当要出售荸荠时，爸爸妈妈都要用一个大网袋把荸荠网住，然后背到河边使劲地搓洗，往往洗得裤管湿透，累得满头大汗，半天下来，洗的荸荠也不多。看到爸爸妈妈费时又费力地洗荸荠，章远骏心里总有一种说不出的难受。于是他想，如果能发明一台洗荸荠机来代替这样繁重的活儿那该有多好啊，那就能帮助爸爸妈妈减轻负担了！他把自己的想法画成一张草图告诉了学校的科技老师，老师觉得这想法十分有新意，很支持他。章远骏充分地运用科技课里学到的发明创造的技法，几经修改设计出了图纸。后来，他的洗荸荠机在老师和工人师傅的帮助下形成雏形，通过实地使用、反复修改，发明终于成功了。

他的洗荸荠机是一个 80cm×45cm×25cm 的铁柜子。内设一个洗涤箱，箱内有一个带毛刷的洗涤圆滚筒，圆滚筒下有一张荸荠漏不出的漏水网，单相电动机作动力，采用顺车洗涤，倒车推送的两档功能开关。

使用时，将荸荠倒入进料口，打开水龙头，合上顺转开关，机轴便顺转刷洗，通过水和圆滚筒上毛刷的作用，将荸荠上的泥土洗刷干净。将开关打

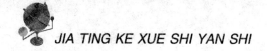

到倒转挡，荸荠就从出料口被推送出来，完成刷洗任务。

洗荸荠机有着省工、省力的独特功能，荣获了全国第十九届青少年科技创新大赛一等奖。

章远骏同学常常回想起在全国参评展示厅里专家、老师们的问话："你的机器可以洗荸荠，还能洗其他的东西吗？""你能创造洗荸荠的机器，还能创造一个削荸荠的机器吗？"这就是章远骏新的创作方向，他希望这第二件作品能早日问世，与需要它的客户见面。

章远骏同学常常说："小发明之所以会成功，主要是学校的综合实践活动课拓宽了我的视野，增强了我的动手能力。"

12 岁的小发明家

在第三届世界青少年创造发明作品展览中，一共有 30 个国家、161 件作品参展。组委会决定，从中评选出 28 件优秀作品奖、3 件最佳作品奖。这 3 件最佳作品奖的获得者可以免费到日本旅行并领奖。徐琛就是这三位中惟一的一位中国女孩。

授奖仪式是在日本东京三越百货公司影剧院举行的。剧院正中放着三张桌子，第一张桌子上放着"防触电插座"模型，旁边一块小牌子上写着：中国，徐琛，12 岁；第二张桌子上放着"自动播种机"模型，牌子上写着：瑞典，佩迪·乔纳森，14 岁；第三张桌子上是"电脑调音装置"模型，牌子上写着：美国，威廉·爱德华，18 岁。

当小徐琛走进影剧院时，上百架相机对准了这位黑头发、黄皮肤的小姑娘。日本创造发明总裁、日本天皇的侄子长陆宫殿下和他的妃子，高兴地接见了这位在国际上得奖的中国女孩。仔细审视了一番小徐琛的作品模型后，殿下笑眯眯地夸奖她说："你确实发明了一件很好的作品！"日本创造发明特许厅厅长更是赞不绝口："中国小朋友把人们在日常生活中经常遇到的但又容易忽视的矛盾解决了。这个防触电插座不仅设想好，构思巧，做得也精巧！"

才 12 岁的徐琛是怎么发明防触电插座的呢？总结经验时，小徐琛说："我是一个爱动脑的女孩。"但是这事还得从徐琛的弟弟触电讲起。

一天放学后，徐琛在自己的小屋里聚精会神地做功课。突然，她听见弟弟大叫一声，就急忙奔到外间。只见弟弟面如土色地躺在地上，身子不住地哆嗦。

"不好，弟弟触电了！"被吓得不知所措的徐琛转过神来，赶忙跑到电源处，关掉了电闸。奶奶和徐琛好一阵折腾，弟弟才渐渐恢复了常态。看弟弟缓过劲儿来，奶奶就唠叨起来："你这个淘气鬼。谁叫你去碰电插座的？会要命的……"

原来，顽皮的弟弟一直觉得电插座的那两个孔很神秘，为什么插头一插进孔里就有电了呢？孔里到底有什么东西？为了探索孔里的奥秘，他拿起一根长铁钉去戳两个插座孔，于是一股强烈的电流通过铁钉，将他击倒在地……

晚上，爸爸下班回来，徐琛把事情的经过讲给爸爸听。她问爸爸："能不能买一只防触电插座，这种电插座太危险了！"

爸爸叹口气，摇摇头说："到哪儿去买呀，防触电插座至今还没有人发明出来呢！"

"为什么不发明防触电插座呢？用原来那种插座，说不定还会有顽皮孩子闯祸，我要发明防触电插座。"徐琛脱口说出了这个刚刚在自己心底萌生出来的念头。

这句大话已经说了出来，可是究竟怎样才能发明防触电插座呢？徐琛自己心里也是一片渺茫。看到爸爸那鼓励和信任的眼神，徐琛暗下决心：我一定要试一试，不试永远就不会成功。

为了这个防触电插座，她不断动脑，不断地改进设计方案，画了一张又一张图纸，做了一个又一个模型，用了一个又一个不眠之夜，最后小徐琛总算搞成了一个防触电插座的模型——用有机玻璃做插座盒，导电的钢片深藏在插座里面，插头是直角弯曲的。使用时，只要将插头伸进插座小孔，然后再横着向插座盒中间移动一点儿，这样，任凭怎样顽皮的小孩儿都碰不到电源，没有触电的危险了。

她拿着造好的模型兴高采烈地跑到学校，把自己的小发明展示给老师看，给"星期日创造发明俱乐部"的伙伴们看。可是，大家却没有表扬她——这个说："小发明好是好，只是一般常用的插头不能使用。"那个说："三相插头的使用也要受到限制。"总之，这个防触电插座的实用性不够强。

可是，怎么改进呢？徐琛又开始了新的学习和探索。从那天起，改进防触电插座，几乎占据了她所有的课余时间。放学后，弟弟要和她比赛下棋，她摇头拒绝了；同学喊她跳橡皮筋、跳绳，她也不去；电视机里演着好看的动画片，奶奶喊她快来看，她楞是不出屋子。

有一次，她陪奶奶上百货商店买东西，正是寒冬腊月，商店门口挂着厚厚的门帘，徐琛推开厚门帘子，发现里面还有一道转门，就在她和奶奶分别从两扇转门走进商店的时候，灵感忽然闪现出来：转门只能走一个人，防触电插座能不能也像转门这样，搞个活门绝缘？老师在常识课上不是也讲过闸门的原理吗？当甲门关上时，乙门就打开，乙门关上，甲门打开……对了，利用闸门原理，在插座里装上两道活门，只有当插头从两个插孔同时插入，两道活门才全部打开，电源才接通。而平时小孩儿玩弄插座，一般总是用一件铁器，或者一个手指伸进插座孔，只能打开其中的一道活门，而碰不到导电的铜片，这样自然不会有危险。

"我有办法喽，有办法喽——"小徐琛一跳老高，转身就往家跑，把奶奶扔在商店门口。

防触电插座终于诞生了。在上海第二届青少年创造发明比赛和第二届全国青少年创造发明比赛中，她都获得了一等奖。而且，她还是第一个在国际上获发明作品奖的中国孩子。

花季少年的小发明

　　蝶式膨胀螺栓是花季少年王攀的得意之作，这项发明曾获得区科技发明一等奖，市第四届青少年发明竞赛二等奖，天津市第四届发明展览会优秀奖，第六届全国发明展银牌奖，中国发明家大辞典已准备将这项发明编入大辞典。这项发明获得了国家专利，现在已将专利转让给生产厂家，支持国家建设。

　　王攀从小就是一个爱动脑筋的小男孩。王攀家搬入新居安装吊灯时，王攀的父亲在天花板上钻孔几次打在圆孔处，使膨胀螺栓无法锁紧。于是王攀决心发明一种新的膨胀螺栓，打在圆孔板的空处也能发挥作用。

　　有了这个设想，王攀连续画了几张设计图纸，把这种新型螺栓塑造成各种各样的形状，可都不理想。

　　一天晚上，王攀一边听音乐，一边还在想着这种新型的螺栓，忽然，一句歌词引起了王攀的兴趣："蝴蝶飞呀……"蝴蝶！王攀像明白了什么似的，迅速地找出一个膨胀螺栓，小心又充满信心地在螺栓旁边添上了一对美丽的"翅膀"……

　　立刻，在王攀的思维中，膨胀螺栓活了，那双"翅膀"不住地一张一缩。当这个膨胀螺栓的"翅膀"收缩穿过打好的孔，进入圆孔板的空处时，两个"翅膀"自动张开，卡在圆孔板里面，起到了固定的作用。

　　能成功，这个想法一定能成功！王攀又思考了一遍，充分肯定了这个想法。于是在这个装有"翅膀"的膨胀螺栓的图纸下方，用力地写下了"蝶式膨胀螺栓"。

　　带着设计草图找到了校科技组田老师，老师肯定了王攀的想法，并帮王攀找出设计的不足之处。在试验中，王攀发现由于这个蝶式膨胀螺栓的翅膀是由两块平铁片制成的，在悬挂重物时强度不够，很容易折叠，失去作用。

　　怎么办？王攀继续思索着，忽然，一个蚂蚁搭桥的故事在王攀脑海里出现：一群蚂蚁要在河上搭一座纸桥，它们先搭平的，再搭对折的……最后把纸桥折成了槽形（M），纸桥很坚固，没有折断。

　　槽形翅膀，又一个很棒的想法出现了，王攀在和老师商量后马上制作了一个 M 形的蝶式膨胀螺栓。通过试用强度增加了，挂重物基本没问题了，但打进圆孔板后，固定不牢，来回摆动，墙上的大洞也不美观。后来经老师指点在螺栓上加一个锁母，这样不仅起到了固定作用，也更美观了。

　　目前，这个蝶式膨胀螺栓是由锁母支撑架，蝴蝶翅膀、弹簧、吊钩、螺母、锁钉，六部分组成。制作简单，坚固耐用，容易操作，适合安装吊灯、吊扇及其他悬挂物。

小发明家邬口关博

邬口关博发明的一项"司机救命装置",赢得了我国第二届陈嘉庚青少年发明奖(上海)二等奖(还得到了5000元人民币的奖金)。

脸蛋圆圆的、笑的时候眼睛眯成一线的邬口关博是上海某大学一年级的学生。她看到电视新闻中不少交通事故是由于司机遇到紧急状况本应急刹车,却因误踩了油门酿成的,随即决定往这方面动动脑筋。

从构思到生产,总共用了将近半年的时间,邬口关博终于发明了一种名叫"汽车司机急刹车时误加速自动纠错系统"的救命装置。

邬口关博同学说,她的这个安装在加速踏板连杆上的纠错装置,主要是利用速率差,对汽车的本身系统进行纠错。由于加速是一个逐渐的过程,而紧急刹车是突然情况,它们的速度和力度不同。所以,每当遇到突发情况而踩错踏板时,安装在加速踏板连杆上的纠错装置,就会把错踩在加速器上的力量转换到制动系统上,使车辆减速并停车。

邬口关博可以说是一个小小发明家,这位刚考上中医药大学的女学生至今已获得了36项发明奖,她的其他得奖项目还有:自动变翼流体动能转换装置、雨天汽车侧视镜隐藏式扫水器,以及空中大气的臭氧对空气污染的迷宫式空气净化器等。

小发明家赵宇

珠算是我国一种传统的计算方法，许多学校都开设了珠算课，教师用毛档算盘挂在黑板上演示，但坐在远处的同学看起来有困难，因为算珠的颜色一样，拨上拨下容易混淆。辽宁的赵宇同学发明的"双色演示算盘"，解决了这一难题。他将现在圆柱形算盘柱子的半腰改成了"扭曲180度"，再将黑算珠背面涂上红色，这样，靠上的黑算珠向上推时，在半腰上就旋转了180°，黑珠变成了红珠，因此，坐在后排的同学看到色彩鲜艳的红色，加减乘除，一目了然。这项发明在第六届全国青少年发明创造比赛中获一等奖。

双色演示算盘是普通教学用毛档算盘的改进型，一是把算珠前后两半涂成不同的颜色；二是把毛档改成螺旋杆。当上推算珠时，算珠会自动旋转180度，显示成了另一种颜色；下拨时又转回来，从而使课堂演示更加醒目、直观，教学效果很好。

赵宇同学是近视眼，小时候爸爸就教她打过算盘，她感到算珠拨上后与剩下的珠子距离太近，有时候看不清。她想：如果拨上的珠子能变成另一种颜色该多好哇！

怎样才能让珠子变色呢？她想了好久也没想出办法来。有一天，班上有一个女同学穿了一件胸前和背后是两种颜色的衣服，她灵机一动：如果算珠也制成两种颜色各半的不就行了吗？她回到家以后就用墨汁把珠子的一半涂成了黑色，另一半仍保留原色。

可是，用什么样的办法才能使拨上的珠子翻转过来变成另一种颜色呢？有一次吃麻花，她用手指套在麻花上转动时忽然想到，如果把算珠中间的"杆"（后来查书，在算盘上叫挡）也扭成麻花的形状，那么拨上的珠子不就转过来了吗？学校科技组收集小发明稿件的时候，她借此机会把这个想法告

诉了老师，老师非常高兴，表扬她爱动脑，后来在老师和爸爸的共同帮助下完成了这个发明。

这个双色演示算盘只要把算珠向上或向下拨动，被拨动的珠子就会翻转变色，非常受学习珠算的小朋友欢迎。

不完善的地方：完全是由于手工制作，珠孔、档不太精确，拨珠费劲。她想：教具厂如果能精细设计，是能够克服这些缺点的。用它代替旧式毛档算盘一定能够给大家的学习带来很大方便，大家学习的兴趣也会更浓。

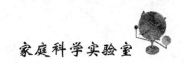

痴迷的幸运小发明家

周远方研制的环保餐具获得了第六届全国青少年生物和环境科学实践活动优秀项目二等奖。她的发明也似乎是出于偶然。有一次，她看见一位老太太在卖粽子，她想："芦苇叶可以包粽子，又不污染环境，能不能研究出像芦苇叶一样不污染环境的餐具呢?"这次无意的观察激发了周远方的"创新"欲望，并带来了她日后的成功。她的"远方三号"环保餐具具有适宜的机械强度和韧性，无毒，具有可降解性，原料来源丰富，成本比较低等优点。

周远方为了研制出环保餐具几近达到了入迷的程度，有一段时间，她所思所想所做都是环保餐具。仔细想想，像周远方一样具有某种研究欲望的孩子很多很多，像周远方一样进行"研究"而达到如痴知醉程度的也不是少数，但像周远方一样能获得成功的却是少数。而其他孩子之所以会失败的一个重要原因就是在这些孩子的周围没有像周远方那样的鼓励其他发明创造的氛围。

第一个知道周远方想研制环保餐具的是她所在学校的生物老师姜冬梅。姜老师没有把学生的这种想法视为异想天开，而是建议她先到市场上调查一番，再查一查资料，看看到底有哪些一次性餐具。由此周远方知道了目前市场上已有四类新产品，并了解了它们的优缺点。她在学校图书馆查了近一两年来的3000多份报纸，收集了大量资料。姜老师还利用假期带着她到北京，去北大、国家环保总局等单位请教专家，查找资料。周远方之所以成功，首先是因为"幸运"地碰到了姜老师。

周远方的父母也是很支持她研制环保餐具的，从来没有阻止她，有时还给她帮忙。比如，周远方把麦秸、玉米秸、花生壳、豆秆等农作物粉碎后加水混合，但总沾不上，加上点面粉也沾不牢。她想加点胶水但又觉得不环保了，便问父亲有没有像胶一样能吃的东西。父亲建议她去市场上买点食用胶。

还有，周远方研制环保餐具的第一个木制模具是她姨父帮忙做的。她的表姐在水泵厂工作，许多加压实验就由表姐帮助完成了。周远方家附近的一家生产塑料制品的乡镇企业在她的软磨硬泡下，居然停产，用她配制的原料为她生产了第一批样品。最后，终于完成了发明，并获得全国青少年生物和环境科学实践活动优秀项目二等奖。

小发明家吴亦忠

你见过把几根塑料管，一只洗洁精瓶子，一片老花镜片组合起来的精美的天文望远镜吗？这一切，都出自于一名高三学生之手——小发明家吴亦忠。而他的发明也是一个偶然的机会，并且他的制作获得了国家专利。

初冬，天气渐寒，可松溪一中传出的一个消息令校园一片沸腾：高三（五）班吴亦忠同学发明的"并板钉"获得了国家专利。吴亦忠说，发明"并板钉"缘于一个偶然的机会，他看到家中老式家具用的并板钉使用时既麻烦，又不牢固。因此他就想，要是有一种并板钉，两端尖头之间有一截面积大于铁杆向四周突起的分界头，使用时，只要往一边敲击，钉子的两头就会以分界头为界，分别钉入两块板内。这样既牢固、操作又方便，两块木板受力均匀，还省去了钻孔的麻烦。高二上学期，他就拿竹子做实验，第一个模型一举成功。后来，他又产生了把这种做法进行推广的想法，于是在学校的帮助下申请专利并被批准。此时同学们向他投来了羡慕的目光，这位平日里寡言少语的男孩因此成了校园里的"名人"。

在小吴家里我们发现了不少他制作的东西。最引人注意的是一架他自己制作的天文望远镜。我们将它搬到阳台仔细研究，才发觉这玩意竟然是用几根塑料管、一只洗洁精的瓶子、

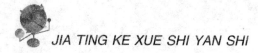
一片老花镜的镜片制成的，但外形相当美观。成本不过十几元，却能把物体放大三十几倍，能望见几十米外的树木、房屋。邻居的小男孩激动地说："我们还用它看过月亮呢!"

"这孩子从小就好摆弄，爱看有关发明创造的书。家里的洗衣机、收音机什么的都被他拆过。为了折腾电视，硬是缠着我给他买一台小电视……"虽然如此，但吴亦忠的父亲还是很注重培养儿子的兴趣爱好。在小吴的屋里，我们看到了他的工具箱，里边装满了各种零件，有的是从旧电器上拆下的，有的是自己买的。指不定哪天做什么东西时就派上用场了。

他还说，他的另一项发明创造"凹槽钉"正在申请中。据说申请程序已过大半，不日即可获得通过。

新闻触发的灵感

刘峰，一个初中刚毕业的学生，已是个熟练的电工，并拥有"二级小技师"的职称。从小学开始，他就和电子元器件结缘。他说，他盼望着能成为一个电子专家，能发明属于中国自己的电脑处理器。听起来有点狂妄，不过，这却是一个中学生真实的梦想。

正因为他的好想能干，他自己制作的小发明起码有几十件，并两次获得江苏省青少年科技创新大赛一等奖。他说，现在危险路段太多，与其让人来提防危险，不如让危险来提防人，他最近的一个创意便是，在危险路段悬挂上他的发明，让危险消除在 20 米开外，不仅是健全人，就连盲人和聋哑人都能轻易避开危险。目前，这项发明已申请了专利。

一则新闻触发发明灵感

说话带着网络语言的风格，喜欢拿"歇菜"来调侃，有些沉稳，也有点青涩，在他身上，动手和鬼想是两个最显著的气质，在家里修个灯泡，装个电路肯定不成问题，二极管、三极管这些极专业的名词更是难不倒他。

刘峰说，自己从上幼儿园开始就喜欢动手，把吃过的棒冰棍子攒起来，捣鼓捣鼓就成了一架飞机模型，什么东西都喜欢拆拆装装，从这里，他获得了莫大的兴趣，提高了自己动手的欲望。刘峰说除了学习、动手实践，他的另一大爱好就是看新闻，他最近设计的一个远红外危险路段的报警器就得益于"看新闻"：南京开膛的路段多，满大街都是"施工陷阱"，有的路段有红灯警示，有的路段没有。没有的路段惨祸不断，而即便有红灯的地方到夜晚也不够醒目，自己的父亲就有一次把车子开到了沟里，盲人遇到这些陷阱可能就更没法避免了。

为夜晚的行路人来到这些危险路段时免遭不测，可不可以反其道而行之？刘峰说，看多了这些新闻，他突然萌生了一个想法：发明一个可以"认识"人和车的危险警示器。考虑到照顾盲人、聋哑人，这个危险警示器最好能同时使用两种以上的"语言"，比如一种是语音提示，一种是动作指示，给个小旗，晃晃脑袋，让聋哑人也能明白。

选择电路，失败了几十次

刘峰说，他希望自己的警示器能确实避开危险，所以在行人和车辆离危险地段还有 20 米以上距离的时候，就要发出信号。因为远红外线探测器能够对人感应，而对车则不行，他考虑很久，觉得要用超声波电路来解决警示器"认车"的问题。

刘峰说，因为自己的发明对于距离有较高的要求，因此，对于电路的要求也比较高，两个月的时间里，他试了几十种电路，最后才获得成功。

把指示器放在道路的施工处，无论是车辆还是行人，在 20 米开外的距离，警示器就能感觉出来，感应器发出信号摇动小旗，点亮警示灯，或是语音提示，就可能避免危险。

刘峰说，想做一个小小发明家，就要敢想敢做，其实不需要花费多少钱，小时候爸爸淘回来的废品都让他用到了发明上。现在他又有了很多好点子，收费站的机械手臂、解码开门器、盲人指南针、汽车红绿灯指示器、冷得快等等，都已有了初步的想法，希望能尽快实现。

"贪玩"的小发明家

戴瑛瑛是一位贪"玩"的苗家小女孩,也是一个小发明家。10 岁就开始"玩"发明,在短短的几年时间里,连续"玩"出了"取暖凳"、"闪光音乐计数跳绳带"、"录音书包"、"吸蚊枪"等 15 项国家发明专利,成了一位名副其实的小发明家。她还被中央电视台邀请,参加了《东方时空》栏目的特别节目,成为该栏目创始以来年龄最小的"东方之子"。

那么,一位 13 岁的普通苗家少女为何会如此出色?她的回答给我们揭开了谜底,她说:我能取得这些成绩,与爸爸对我的良好教育和引导分不开。

小瑛瑛出生在一个极其普通的家庭,爸爸是县五金公司的一名维修技工。爸爸的文化程度不高,不太懂得什么家教理论,但他认为,孩子的天性是玩,任何孩子都贪玩,应该让孩子玩中求乐,愉快地成长。随着瑛瑛一天天长大,她总喜欢和爸爸一起玩、一起做游戏。戴瑛瑛从小好奇心就强,也喜欢问一些稀奇古怪的问题,爸爸就有意识地给她讲一些有趣的物理现象,以激发瑛瑛的想象力和创造力。"玩也要讲究技巧,这样才能玩出智能的火花。"爸爸如是说。在他的怂恿下,小瑛瑛越玩越贪玩,也越玩越会玩。

两三岁的时候,戴瑛瑛迷上了各式各样的玩具。三岁生日那天,爸爸买了一台小电子琴作为生日礼物送给女儿。小瑛瑛抱着电子琴高兴得又蹦又跳,可不到半天,电子琴成了她手下的牺牲品——崭新的电子琴竟被她大卸八块,零件散了一地……见电子琴成了废品,戴瑛瑛奶声奶气地问道:"爸爸,电子琴为什么不唱歌了呀?这该怎么办?"爸爸一见女儿那认真的样子,不仅没生气,相反却鼓励起女儿来:"能把它拆开,说明乖乖很棒,不过还要试着把它装好。"说着,他干脆陪女儿一起整装电子琴。渐渐地家里的玩具越来越多,瑛瑛也越拆越胆大,爸爸妈妈给她买的玩具常常在她的手里玩不到一天,便

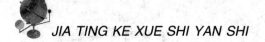
被她拆得七零八落，变成了一堆零件。

爸爸将女儿这些"破坏行为"看作是一个科技天才的表现，不仅不责备她，而且还陪着女儿拆了装，装了拆，边玩边借机向女儿讲解一些浅显的制作原理和安装知识。有人戏称戴家是技工爸爸精心培养了一个"破坏公主"。

一次，爸爸叫瑛瑛擦皮鞋，她突发奇想，要是发明一种自动装置的擦鞋器，擦得又快又干净，还不会搞脏手，那该多好啊！这时，爸爸正好在用电动剃须器剃须。一看剃须器，小瑛瑛突然来了灵感：可不可以根据它的原理来设计擦鞋器呢？父女俩一合计，办法就出来了：把电动剃须器的网罩、叶片拿掉，将绒布剪成相应大小安装上去，不就可以用来擦鞋了吗？就这样，"自动擦鞋器"制成了。

这项简单的发明对戴瑛瑛鼓励很大，她觉得，只要留心观察，肯动脑筋，创造发明就在身边。从那以后，她便经常缠着爸爸给她讲一些科普知识，她的多项发明在父亲的帮助下先后问世。

1999 年 6 月的一天，戴瑛瑛看见妈妈正在用电熨斗烫衣服，她突然觉得电熨斗跟自行车座板的形状很相似，于是，脑海里立刻闪现出来一个奇特的想法：用加法原理，将自行车座板和电熨斗加到一块，制成一个取暖凳不是很好吗？爸爸认为女儿的思路非常富有创意，第二天就帮女儿买来了电熨斗和自行车座板等材料。经过瑛瑛反复设计，一种方便实用的取暖凳便制出来了。爸爸通过帮助女儿做模具，觉得这个设计原理切实可行，而且这种取暖凳对于北方人非常实用，于是他又帮女儿向国家专利局提出了专利申请。很快，国家专利局为戴瑛瑛颁发了专利证书。这样，年仅 10 岁的戴瑛瑛便有了第一项国家发明专利。

戴瑛瑛平时特别好动，她最喜欢的活动就是跳绳。每天放学后，她总喜欢在自家门前和小伙伴们一起玩跳绳比赛。玩这种比赛最大的麻烦就是计数，小瑛瑛一直思考着解决这个问题。1999 年暑假的一天，河南信阳的一个马戏团在城步县城演出，戴瑛瑛看了他们表演的人蛇共舞节目后，兴奋得不得了，晚上做梦竟梦见自己拿着蛇当跳绳玩，而且蛇变的绳子既能发光又能计数。第二天早上，戴瑛瑛将这个奇特的梦告诉了爸爸，并劳驾爸爸跟她一起制作

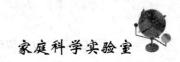

一根这样的绳子。于是不久，戴瑛瑛又拥有了第二项专利。

2001年12月，戴瑛瑛被北京电视台《智慧接触》节目组邀请，参加春节特别节目"欢乐发明"。那天，父女俩从长沙坐飞机来到了祖国的首都北京。第一次到北京，她的心情特别愉快，当天晚上，父女俩来到了天安门广场，走到人民英雄纪念碑前，她对周恩来总理书写的碑文字体很感兴趣，想拿起手中的笔模仿，由于是傍晚，手中的笔和纸张模糊不清，写起来很困难。回到宾馆，她就告诉父亲，要发明一种"闪光圆珠笔。"瑛瑛说："在夜晚没有光线或光线不充足的时候，手中的笔就会发出亮光。有了这种笔，还可以帮助解放军叔叔在夜晚或光线暗的情况下，用来写字和绘制地图。可以作为玩具吸引幼儿园的小朋友，让他们从小对笔感兴趣……"爸爸一听，很是高兴，说："想不到这次，瑛瑛的收获又不少啊！"

不久，"闪光圆珠笔"就在这位苗家小女孩的摆弄下成功问世了。不久，越南胡志明市的一家企业出资30万美元，购买了这一专利。

到目前为止，戴瑛瑛已获得了15项国家发明专利，这些发明成果先后获得了国家科学技术进步二等奖；国家技术发明专利一等奖以及省、市科技创新一等奖。她本人也于2003年荣获湖南省"双力杯""十佳文明少年"的荣誉称号。

淘气的孩子

　　每个孩子在小时候都是特别的喜欢玩耍，玩是孩子的天性。小孩子还特别的爱淘气，淘气的孩子老师和家长都拿他们没有办法。牛成伟就是一位淘气的孩子，可是他玩出了自己的发明，成了一位小小的发明家。

　　在笔的两端安装发光二极管和纽扣电池，制作"电光笔"；利用软质材料做的黑板面，并在板面后安装刷子，制成"写不满的黑板"……10项贴近生活而实用的小发明，先后申报12项专利。在15日太原市第二届青少年发明创新竞赛上，这个孩子引起了众多学生及其家长的关注，他就是太原市第13中学初三学生——牛成伟。

　　谁会相信小成伟上小学时的成绩会是班里最差的呢？小成伟当时在班里学习倒数第一。

　　"这孩子不简单！"看到这些发明制作，很多人都认为牛成伟是个"天才小科学家。""什么天才？读小学时，他是班里倒数第一名。"牛成伟的老爸一句话抖出了孩子的"家底"："这孩子淘气得厉害，以前就知道'害'！他的玩具、家里的钟表等都被他拆得七零八散的。"那时候，小成伟的爸爸说：只要他不出去"害"，想拆就让他拆吧！就这样，家里能拆卸的东西都被牛成伟拆装了好几遍，亲戚家机械类的东西也轮番"遭殃"。

　　见孩子老是这样贪玩，学习没有任何起色，成伟的爸爸在心里暗暗着急。孩子上五年级的时候，为了孩子也为给自己省心，老牛决定让孩子去学门特长。没想到，在青年宫转了一圈，牛成伟不选绘画，也不选钢琴，偏偏要报"制作班。""我觉得搞制作有意思，别人怎么看我不重要！"那时候，牛成伟一点也不在乎自己是"班里倒数第一名"。

　　兴趣是一个学生学习的最好的老师。为了做自己想做的事，牛成伟开始把易拉罐、旧辐条、旧螺丝等废旧物品倒腾回家"鼓捣。"别的孩子玩的时候，他也在"玩"，玩出的却是自己想要的东西；甚至上课时，他也在琢磨自己的小玩意……在小学毕业的那个暑假，他的第一个小制作"风力船"诞生了，这条利用废旧物品制成的船，可以完全凭借风力带动螺旋桨来行进。这条"风力船"让牛成伟体会到了成功的快乐，也让老牛看到了孩子身上的闪光点。

"看到孩子乐在其中，还小有收获，我也高兴。我家不富裕，我没有给他什么资助，只是为孩子添置了一些搞发明制作要用的最基本的工具。"老牛笑称："以现在的情形看，我对孩子的教育投入回报很丰厚！"牛成伟则是更多地去书店看航模制作一类的书籍，并把自己不多的零花钱用在买书和制作材料上。

升初中后，牛成伟爱上物理课，同时他对发明制作的爱好也愈强。"家里成了他的制作室，堆满了他的各种工具和材料。"老牛满脸笑容："我让他随便折腾，因为他的学习成绩一点点在进步，物理还经常考年级第一名。""是发明制作启发了我对学习的兴趣。"牛成伟自己分析说："搞发明对学习同样也有很大的促进作用。"

牛成伟的灵感总是来源于生活中的小发现，从没有人专门命题指导他搞发明。

"写不满的黑板"是牛成伟上课时的突发奇想。他看到老师写板书经常地方不够用，还要擦黑板，十分浪费时间，就琢磨着要让黑板转动起来。反复思考后，他发现利用皮带输送原理，把写完的一面转到后面，并在后面安个刷子，转动时顺便擦干净，一直转下去，就成了"写不满的黑板"，粉尘也落在了后面，不会呛人。

想得多了，做得也就多了，牛成伟在其中找到了越来越多的乐趣，又在乐趣中进行着更多的制作。现在，正在读初三的他在努力攻克世界数学难题"克莱因瓶"（没有口、没有底、没有边而只有一个面的瓶子）。他的父亲表示，孩子已经找到了制作方法，但是由于学习时间比较紧张，还没有完成制作。

小发明家 "爱因斯坦第二"

今年是爱因斯坦逝世 50 周年，同时也是《相对论》诞生 100 周年。全世界采用光传递的方式来纪念这位伟大的科学家。与光信号一起到达各地的还有一封美国普林斯顿大学发出的神秘邮件，这封邮件包含了 10 个与物理学相关的、适合中学生的研究性课题，旨在寻找爱因斯坦第二。有关专家表示，这封邮件所包含的题目难度较高，不是所有题目都能够立即回答出来的。

近日，上海一名尚在预备班就读的 12 岁男生大胆创新，酝酿出"自行车里程计"的设计想法，成功解出神秘邮件中的第二个问题，并在 5 月 9 日获得了国家知识产权局的专利申请号。

汽车都有里程表，自行车是不是也可以有一个里程表，将自行车轮的每一次转动自动记录下来并将其转换成公里数呢？用什么方法可以方便地实现计数？无论用电子还是机械的方式，只要可以设计这样一个可供自行车使用的里程表，你和物理学的关系又向前迈进了一步。

普林斯顿邮件中的第二个问题，让一位男生成了小发明家。这位男生名叫李弘基，是市二初中六（1）班的学生。设计灵感主要来源于电子手表。他的设计源于爸爸当初的一句玩笑话。有一天，李弘基的爸爸在看报纸时，随便地给他开了一个玩笑，说："这份报纸上有一份试题，你要不要尝试着做出解答。"李弘基看了看报纸上面的问题，眼睛一下就在第二题——用电子或者机械的方法设计一个自行车里程计时器上定格了。每天都骑车上学的他觉得这是个好问题，但怎样才能将自行车轮的每一次转动自动记录下来并转换成公里数，对于一个尚未接触物理的初中预备班的学生来说，还是非常具有挑战性的。

不过，从小喜欢动脑筋的李弘基并没有放弃，他找来各种各样的书，希望从中找到一点思路，同时向爸爸咨询，希望获得灵感。一天，李弘基在家对着电视里的北京时间调整电子手表的时间误差，突然灵感闪现："在设计自行车里程计的时候是不是可以参照电子手表的调试技术?"

为了能将这个大胆的想法付诸实践，他在爸爸的帮助下，拆开了家中的门铃了解电路的组成，反复拆装自行车以了解自行车最基本构成原理。最后，他设计出了自行车里程计，所需要的材料不过是一块液晶显示器、电池、电源开关、弹簧以及包含凸点的塑料圈。虽然原理并不复杂，但非常有效。

虽说设计原理非常简单，但完全有批量投产的可能，指着自己画出的设计图纸，李弘基一步步地讲述了他的设计思路。其实在这套里程计中运用到的原理都是一些物理学中最简单的原理，比方说线路的串联、开关和触点的有效设置。主要原理是固定在轮轴上的塑料圈转动带动凸点触碰弹簧，只需根据车轮的大小规格，事先在液晶显示器中设置好固定米数，那么凸点每次的触碰就会自动记录在液晶显示器中，达到累积自行车行驶里程的目的。

宽松家庭氛围给李弘基带来了很大的方便。他平时爱好非常广泛，弹过电子琴，也练过武术，如今参加了学校里的合唱团，业余生活丰富多彩。不过值得庆幸的是，李弘基的父母非常开通，对于他的这些课外学习，纯粹是一种兴趣培养，绝对不要求李弘基考证出成绩。

李弘基所在的市二初中课程丰富，不过他最喜欢上的却是劳技课，动手能力较强的他对这门很多人眼中无用的课程兴趣浓厚，不仅在课上认真摸索，常常也在课外和爸爸探讨。

李弘基的成绩非常优秀，对班级中的事务也非常热心，这次评选校三好选手，班级里的同学不约而同都选了他。李弘基的班主任康敏老师在接受记者采访时表示，虽然李弘基是班中年龄最小的一个孩子，有着调皮捣蛋的天性，不过却十分懂事，只要老师稍微说两句，他就能虚心接受，改正身上的缺点。

虽然父亲李文献大学专业是中文，但对于创造发明却十分的热衷。李文献从小就鼓励小弘基多开动脑筋，用自己学到的知识去解决一些生活中的问题。在他们家庭教育的思想中，核心就是让李弘基掌握各门学科的基础知识，而不是一味地去培养所谓特长。在他们看来，能把学到的知识融会贯通并且运用到实际当中去就是孩子最大的特长。因此，在课外兴趣班、辅导班盛行的今天，李弘基没在课外参加任何辅导班。英语、数学等学科知识的学习，大部分都是在家中靠自学完成的。

　　和大多数家长抓紧孩子的数学、外语学习不同，在李家的家庭教育当中，非常注重语文学科的培养。每天，李弘基会花一个小时在课外读物的阅读上。"语文培养的是一个人最基本的交流沟通能力，这在现代社会非常重要，所以我们非常重视对李弘基语文能力的培养。"李文献这样说道。

我也要当爱迪生

四川省第二届"十佳少先队员"——南充地区蓬安师范附小六年级少先队员刘彧同学，是一个热爱科学，勇于发明创造的小姑娘，她发明的"防风防散落卫生火柴"获得了"第六届全国青少年创造发明、科学论文、科技制作比赛"三等奖，获省银牌奖，地区二等奖，她的名字被收入《全国小发明家辞典》一书，实现了自己要当一个小发明家的愿望。你们一定想知道这位小发明家的故事吧。刘彧与千千万万的少年儿童一样并不是一出生就那么聪明。上小学一年级的时候，有一次上数学课，老师问4可以分成几和几，小刘彧站起来明亮地回答："可以分成2和2。""还可以怎么分呢？"老师又问："不能再分了，妈妈只告诉我一种分法。"小刘彧诚实地回答，使得全班同学哄堂大笑。这下可伤了小刘彧的自尊心，她再也不愿举手回答问题，少了几分自信，多了几分胆怯。老师看在眼里，记在心上。她找到刘彧，给她讲爱因斯坦，爱迪生的故事。爱因斯坦曾经被视为低能儿、"傻子"，但他奋发向上，终于成为一个大科学家。爱迪生仅仅读了三个月的书就离开了学校，但他不断探索，一生发明了上千件的东西，为人类立下不朽的功勋。小刘彧听得出了神，这一切在她的心灵里刻下了不可磨灭的印象，她从小就给自己立下志愿："我也要当爱迪生，我也要做一个发明家"。

"宝剑锋从磨砺出，梅花香自苦寒来"。刘彧从一个个科学家、发明家的成长与奋斗的足迹中，深刻地理解了"天才等于百分之一的灵感加上百分之九十九的汗水"这句名言的深刻含意。在平时的学习中，刘彧非常勤奋，刻苦。不管是酷暑还是严冬，她都坚持早起，锻炼身体，然后朗诵课文，从不间断。她的勤奋刻苦，还主要表现在勤于动脑、勤于思考上。因为她懂得：要当发明家，必须要有聪明的善于思考的头脑。可人不是天生聪明的，脑子只有越用才会变得越聪明。因此，她非常注重培养自己的创造性思维。预习《草船借箭》这篇课文，她对题目中"借箭"一词产生疑问，"借"不是暗含着还要还吗？为何不叫"草船取箭"呢？通过这样的思考，她对课文有了更深的理解。老师布置作文题《星期天》，同学们一般都写星期天怎样玩，而刘彧却写了爸爸妈妈在星期天仍然和平常一样，忙忙碌碌地工作，她主动承担了家务，这样她过得非常愉快，非常有意义。

刘彧不仅各门功课学得好，兴趣爱好可以说也很广泛，她积极参加学校组织的各种课外活动：舞蹈，绘画，演讲，摄影，尤其是科技活动，她特别喜欢。她是学校科技组成员，她制作的航空航海模型，机器人等，受到师生的夸奖。刘彧曾在日记中写道："善于观察，思考是创造发明的两只灵敏的眼睛。"

刘彧之所以能发明防风防潮防散落火柴，正是她善于观察，勤于动脑的结果。刘彧经常看见爸爸为划火柴点烟可老点不燃而着急，她仔细观察火柴盒，发现两边的磷片被磨光了。怎样才能克服传统火柴盒磷片易磨损的缺点呢！刘彧开始动脑筋，想办法，还去向老师求教，一道商量。最后，一种新型的防风防潮防散落的火柴包装盒发明设计出来了，受到了专家及有关人士的高度好评。

闪闪的小星星

张哲，西宁市南山路小学五年级一班的一名学生。只要一提起张哲，同学、教师和校领导无不交口称赞，夸他是一名品学兼优的好学生。他不仅聪颖好学，各科成绩优秀，而且爱好广泛，样样出类拔萃。

张哲从小就非常喜爱读书，他的小书柜里摆满了各种各样的图书。他对科普书、文学书、历史书都十分感兴趣。三年级时就已经读完了《十万个为什么》、《钢铁是怎样炼成的》、《三国演义》、《水浒传》等书籍。随着年龄的增长，他身边的书已经不能满足他的求知欲。每逢周休日，他就拉着妈妈去书城买书，可一到书城，他就忘记了自己是为买书而来的，当他看到一本好书，他索性就地看了起来，一看就是两三个小时，恨不得把书城的书全都看个遍。妈妈心疼极了，在再三的催促之下他才合起书，买了几本心爱的书兴高采烈地回家。读书成了他生活中不可缺少的一部分，从《格林童话》到四大名著、唐诗宋词，几年来，他如饥似渴地读书，从书中学到了不少知识。在汲取知识的同时，也提高了他的写作水平，多次参加省内小学生征文比赛，2003年3月他的作文《绿》刊登在小学生《好作文》上，并成为《好作文》封面人物。

他热爱学习，勤奋钻研，刻苦努力，在学习上总是一丝不苟，非常自觉。他的父母身为教师，工作都很忙。下班总是很晚，很少有功夫坐下来辅导他，于是，每天放学后自己一个人在家认真写作业，写完后就开始预习第二天的学习内容。由于他的一贯努力，一到五年级成绩总是名列年级前茅，连续五年被评为校级"三好学生"。他不仅学习刻苦，还有一颗关心他人、乐于奉献的金子般的心灵。

自从学校开展"手拉手"活动以来，他每次都踊跃参加。有一次大通县岗冲乡小学的孩子要到西宁来参加活动，分配到他们班，由同学们带回家吃午饭，老师考虑到他的父母工作忙，就没安排他。他心里十分地难受，回家以后，他哭着让妈妈给老师打电话，说他一定要交一个小伙伴和他成为好朋友。经妈妈向老师说明后，老师同意了，他高兴得一蹦三尺高，并嘱咐妈妈一定要忙中抽闲买好多吃的，做一顿丰盛的午饭招待小伙伴。当小伙伴离开时，他把好多本子、铅笔等学习用品和妈妈在他生日时买的一双新皮鞋送给了这位新朋友。第二年，学校组织到大通县开展"手拉手"活动，他又用积攒的零花钱买了图书、红领巾和好多小食品，鼓鼓的书包里装着他对"手拉手"小朋友的一片爱心。到现在，他和这位同学还经常保持着书信联系。他在学校举行的"手拉手"活动中一共捐款360元，为希望工程和贫困学生捐款500余元。

张哲同学在全国开展的"雏鹰争章达标"活动中，处处、事事走在全班同学的前面，以"自信、自学、自立、自护、自强、自律，做社会主义事业的合格建设者和接班人"为指导，从学习、生活实践、小事、小处着手，养成了良好的学习习惯。坚持天天记日记，记下自己的不足，记下自己的感受，促使自己不断进步。在学校里，不管自己是不是值日生，都抢着打扫卫生。在家里，自己的红领巾、袜子、桌布都是自己洗，从来就不让妈妈插手，养成了自己的事情自己做的好习惯。

在平时的生活中，时刻用新世纪少年儿童的标准严格要求自己，从而形成了热爱生活、勤奋学习、艰苦奋斗、诚实守信、尊师爱友、团结互助的优良品质。在学校开展的"新世纪，我能行"活动中，老师要求在家庭中选择一个"岗位"。在全家人的配合下，他扮演了"妈妈"的角色，亲自体验了妈妈一天的辛苦劳动，打扫房间、买菜做饭、洗衣服，从中体会到了爸爸、妈妈为生活操劳，为工作奔忙的紧张与辛苦，更加懂得了孝敬父母的道理。暑假期间，在爸爸妈妈的带领下，到大自然中去体验与感受人与自然的亲密关系，懂得了大自然对人类的无私恩赐，更加明白了保护环境的重要性。因此在学校组织的"爱鸟周"活动当中，他代表五年级的全体同学发出倡议，号召全校同学爱护小动物，爱护环境，为鸟儿们营造一个良好的生活环境。

之后，他在爸爸的指导下，制作了一个精致的鸟笼，架在树上，表达了他美好的心愿。在共青团中央举行的"保护母亲河"行动中，他号召全班同学开展了一次废品回收活动，他把自己家里的旧报纸和居住区内回收的啤酒瓶、易拉罐，收集起来，并把同学收集的废品一起送到回收站，他用自己的双手创造出了一片美好的生活环境。在开展废品回收活动之后，雏鹰假日小队举行了捐款仪式，他带头将自己的56元零花钱连同卖废品的钱全部捐了出来，为"保护母亲河"尽了一份力。

张哲的兴趣非常广泛，不光会打乒乓球，羽毛球，而且还喜欢绘画，其绘画作品多次在省内小学生美术作品大赛中获奖。他从小还酷爱科学，"勤学多思"是它的座右铭。学校的科技活动他都踊跃参加，比如：科技小发明、小创造、小制作、小论文他都非常喜爱，科学小实验、创新小论文、科学幻想画他都能露一手，老师和同学们都夸他，称他是一个"小小发明家"。在全省"探究式"少儿科技活动中，他参加的"航天模型"、"搭高楼"获得一等奖。

"灵感"的火花

让灵感动起来的思维撞击出一朵朵创意的火花。

六项发明获国家专利奖，七次（项）获国家奖励；发明清洁油瓶、安全插座服务社会，妙手改造圆规、刻度尺服务教学，不断创新，敢于向权威专家挑战……年仅17岁的小小少年，就已经被选为中国少年科学院小院士，获得中国青少年科技创新奖，重庆市"十佳中学生"评选中评审们全票通过，这些荣誉的拥有者便是王一丹。这些获得国家专利的产品，其实灵感都来自生活中的一些小细节，用王一丹父亲的话说，王一丹是抓住了灵感的"尾巴。"

发明清洁油瓶，是因为看到妈妈从油瓶倒油做菜时，总有一些油沿瓶身流到桌上，清洁起来非常困难。王一丹就想用一种方法来改变这种状况，他甚至想过改变油的成分，让它不容易沿着瓶口流出，但这明显不现实，他转而想到改变瓶口设计，后来才逐渐摸索出了现在的清洁油瓶。

其实非常的简单，我把牙签筒改装后套在瓶口，紧贴瓶口的地方向里凹，倒油时，逃跑的油就只能流到牙签筒，我再在瓶上打几个孔，油沿着孔又流回了油瓶里。王一丹认为自己的发明不过是在已有的东西上加以改进，但他的这一小小改动，却获得了专利保护。有了第一次的成功，王一丹对发明创造更有兴趣和信心了。

去年在青少年科技创新活动上获奖的安全插座，可算是王一丹现在最得意的作品了。从构思到出样品，王一丹花费了大半年的时间，而这个灵感，也来自自己使用复读机时的一次不小心。

有一次我学英语听复读机睡着了，醒来发觉复读机的插头一直插在插线板上，插线板上那些没有使用的插孔也通了电，如果有小孩好奇用钥匙等金属插进去，肯定会触电。于是我就想，能不能发明一种安全插线板，让那些闲着的插线孔不带电。王一丹抓住一闪即过的灵感，研究出了用一支废圆珠笔芯做成按钮的安全插座。

王一丹把家当成了自己的实验室。家里没一样东西是完整的。说到自己在家里的倒腾，王一丹狡黠地一笑。像所有的男孩子一样，王一丹从小就对拆卸有着浓厚的兴趣。

王一丹还痴迷上了模型制作，自小训练出的动手能力帮了他大忙，汽车、航空模型，做得得心应手，做的航模在一次比赛中还得了第二名。这更让王一丹对自己有了信心。

但这离发明新东西还差很远，王一丹的发明创新也是受父亲的启发。王一丹的父亲是一名教师，班上学生们的一些新奇想法、构思，成了与儿子沟通的重要话题。一次听到父亲说自己班上有一名学生在搞小发明，还申请了专利。这件事给了王一丹动力：他能发明得专利，自己的好多想法也不比他差，为什么我就不可以呢？行动起来的王一丹一发不可收拾，在 2002 年至 2003 年短短一年时间，王一丹一口气搞出了六项发明。

这样一个发明神童，有着怎样不为人知的故事？在王一丹父亲手中，有一本《成长日记》，上面密密麻麻记载着父亲对儿子的关爱。

　　曾传禄老师接任自然课后注重试验，进行直观教育，几乎每节自然课都有试验。丹儿非常喜欢自然课，也喜欢曾老师，回家自己动手做实验。丹儿在实验中发现，试管中的水加热后有强大的冲击力，这几天他就在家中，不断地演练，想在后天的科技活动中，给同学们表演"火箭发射。"虽然现在用坏了很多试管，且实验也有一定的危险性，但为了他的兴趣，我只好在旁边默默地做好保护工作，希望后天他的表演能成功。

在王一丹父亲的日记中还有很多这样的点滴，正是这些不起眼的小事，造就了今天这位优秀的十佳中学生。

在王一丹的发明之路上，父亲成了他的导师和助手。每当有一设想，王一丹就会找父亲商量，切磋想法，父亲会在儿子将想法付诸实践前做实地调查。为了了解安全插座有没有类似产品，他跑遍了县城的五金铺子，问遍了行家里手。在儿子埋头做样品的时候，他就到修理铺、塑料厂、药瓶厂找材料。发明成功了，获奖了，需要申请专利保护，他更忙着为儿子制作专业图纸并找老师帮忙指导。可以说，王一丹向着理想大步迈进的时候，在背后支持着他、在一旁鼓舞着他的是他的父亲。

搞发明是学习之余做的事情，最重要还是以学业为重。除喜欢搞发明之外，王一丹爱好广泛，书法、作文都多次获奖。在 2002 年举办的全国性的电脑装机大赛上，他荣获重庆赛区一等奖，迄今为止他已六次获得国家级奖励……

获得了众多荣誉之后，面临高考时，王一丹比普通学生感到了更多压力：我要高考了，今后我的时间大部分都会花在学习上。他为自己制定了严格的作息时间表，和众多的准考生一样，开始为实现目标而努力。

虽然做发明不会占用太多学习时间，但也必须暂停搞发明了。王一丹明白，如果不能学到进一步的专业知识，自己的发明之路将受到阻碍，在暑期短暂的休整后，王一丹就将投入到高考的战斗中去。但在空闲的时候，王一丹还是将自己成型的一些构想用小本子记录下来，他要等到考试完了，慢慢做。

沿海地区发达的经济，前卫的思想，快捷的信息通道都吸引着王一丹，他最想学人力资源管理，想接触经济，希望把自己的发明专利通过自己的手投放市场、推向社会。

对此，王一丹的父亲希望丹儿能脚踏实地先把高考这一关过好，并希望王一丹能成为一个对社会真正有用的人才。

"清贫"的小发明家

世上有很多事情在人的脑子里不久便烟消云散。而有些事情却具有迷人的魅力，使人久久不忘。林恒韬的发明故事，就属于后一类。它给人启迪，给人力量。相信青少年朋友看过之后肯定会感触很深的。

有人曾说过玩具是孩子的天使，这话千真万确，小韬就十分地迷恋玩具。可是，由于家里生活条件不好，爸爸妈妈从未给他买过一件玩具。

一天傍晚，一个扎着漂亮蝴蝶结的女孩儿，骑着一辆天蓝色小三轮车，靠近了小韬身边。好像故意馋他似的，小女孩儿在他周围灵活地骑来骑去，引得他那双黑亮的眼睛，滴溜溜不停地转着。一会儿，小女孩儿到厕所去了。小韬忍不住凑近了小三轮车，上上下下抚摸着，刚迈腿骑上去，那小女孩儿一阵风似地跑了回来，尖着嗓子嚷道：

"这是我的车，不让你骑嘛！"

说着，一把将小韬推下车去，瞪他一眼，把花裙子一撩，就把车子骑走了。

这情景，被站在窗前的妈妈看得一清二楚。就在小韬被推下来的那一瞬间，妈妈的眼泪涌了出来。她决心为儿子买辆小车，哪怕是一辆旧的，不能再让儿子伤心。但当妈妈摸摸兜里剩的钱，想想还有四张要吃饭的嘴，刚才的决心又变成长长的叹息了。

爸爸从妈妈嘴里知道这件事后，沉思起来。一天，他对儿子说：

"小韬，你知道什么玩具最好吗？"

小韬不假思索地回答：

"三轮车、小汽车。"

"是只会玩好呢？还是既会玩又会做好呢？"

"当然是既会玩又会做好啦!"

爸爸咧开嘴巴笑了。他抚摸着儿子圆溜溜的脑袋,深情地说:

"对,要会做,才算有真本领呢!"

说罢,爸爸从抽屉里找出两个小药盒,蒙上牛皮纸,穿进一条几米长的线联结起来,里面用火柴棍拌住。然后,递给儿子一个小盒,说:"瞧,运用固体传声原理,电话做成了。"

小韬惊奇地望着,把小盒贴在耳朵上,爸爸倒退了好几步,准备与儿子通话。一会儿,"电话线"微微颤动起来,小韬耳边传来爸爸的声音:"小韬,听得见吗? 听得见吗?"

小韬兴奋极了,他对着小盒大声回话:"爸爸,我听见了!"

第一次奇妙的成功,对于孩子来说,就像人类发现火石可以取火一样重要。那璀璨夺目的光芒,虽然稍纵即逝,却使他发现了打开智慧之门的秘密。从此,小韬成了一个玩具制造家。他常常一连几个小时蹲在马路边,仔细观察过往的各种汽车。回到家里,他用木板、纸片和各种废品,制作了大卡车、大客车、小轿车、吉普车等几十种玩具车。小弟弟要玩具,他马上做出个会摇头晃脑的"七品芝麻官",逗得弟弟咯咯直乐。尽管有些玩具做得十分粗糙,但毕竟是他亲手做的。特别重要的是,一团要发明、要创造的智慧之火,已经在他幼小的心里点燃了。

小韬自从发觉妈妈瘦了之后,一下子变得懂事了。他觉得自己是个大人了,不停地问妈妈要这要那没出息,应当帮妈妈做点儿事。

一天下午,小韬放学回家,看见妈妈正在门前从米中捡沙子。原来,妈妈买米回来时,不小心撒在地上,等收起来,米中已混进不少沙子了。可这么半口袋米,妈妈弯着腰,一粒粒地拣,要费多少时间和力气呢! 他突然记起小时候,用小拖车玩土,拖一段路,粗土和细土便自然分开了。他想:沙重米轻,从米中分出沙子,不是同样的道理么? 他自信地说:

"妈妈,您歇着吧,我有办法把沙子拣干净,而且很快。"

"你——"

小韬看见妈妈半信半疑的,便咚咚咚地跑回家,拿来一个大饭盒盖儿,放上一些米，"刷——刷——"地来回晃着。果然，一会儿就把米和沙子分开了。

妈妈直起腰，望着自豪的儿子，自豪而又欣慰地笑了。

不久，儿子又做了一件更让妈妈感动的事。

星期天早晨，妈妈照例忙着打扫室内卫生。她见窗纱已经破旧得挂不住了，就顺手扯了下来，丢进垃圾堆。谁知道，不大一会儿，小韬回来了，冲妈妈扬扬手中的几个苍蝇拍，说：

"妈妈，您怎么忘了节约呢？旧窗纱改作苍蝇拍，不是又省钱又好用吗？"

儿子真的长大了！真的懂事了！真的学本领了！还有什么能比这更让妈妈感到幸福呢？妈妈接过蝇拍，像接过金牌，接过最高的奖赏。抑制不住的激动，差点儿使她晕过去。

多少次，她狠狠地责备自己，对儿子太抠了，为儿子创造的生活与学习条件太差了，以致让儿子与其同伴之间的差距，大得不忍心去比；多少次，她忧虑着儿子的成长，担心这种过于清贫的生活，会使儿子养成自卑、自贱的阴暗心理，从而失去奋发向上的勇气，失去对美的向往。如今，她捧着蝇拍，就像捧着答案，上面写着：在清贫面前，儿子虽然有过动摇，也有过抱怨，但最终还是昂起了头，并且以创造者的姿态，走向美好而广阔的世界！

雨，哗哗地下着。

雨衣，讨厌的小雨衣，让儿子淋湿，把儿子浇病的雨衣，怎么好再让儿子穿上？妈妈的决心下定了，不管怎样，也要给儿子买把雨伞！

小韬明白了妈妈的心思，动作麻利地披好雨衣，用大人才有的语气，对妈妈说：

"妈妈，穿雨衣其实挺方便，两只手还可以腾出来干别的。"

"可又要淋湿你的裤脚了。"

"不怕，我正想办法改它这个毛病呢？"

小韬是个说到做到的孩子，他的心思，集中到了雨衣上。俗话说，水滴石穿，柔软的水总往一处滴，能把坚硬的石头滴穿。人的智慧集中到一点，还有什么攻不破的难关呢？他分析到，雨水淋湿裤脚是因为雨衣下摆贴着裤脚，如果用铁丝支撑起来，使雨衣下摆离开裤脚，就不会湿了。小韬为自己的大胆设想高兴得跳了起来。可当他冷静下来，才意识到，这种办法只能解决一时湿裤脚的问题，不下雨时又该怎么办呢？

游泳池旁，人声鼎沸，浪花飞溅，小韬竟全然没有注意，他的视线被一位小姑娘吸引住了：小姑娘从网兜里掏出一摞红塑料片，轻轻吹了几下，一个鼓胀的救生圈，便出现在面前。小韬茅塞顿开，嬉嬉笑着跑回家。他的小发明——充气雨衣，成功了！

按照惯例，发明创造，要写论文的。小韬在他的小论文中写道：

"雨衣穿在身上，底边总要往腿上贴，雨水顺着雨衣淋湿裤腿和鞋袜。大概因为这个，人们喜欢用雨伞而不爱穿雨衣。可是打着伞，搬运或携带东西又不方便。

"我想了个主意：在雨衣的底边，装一个可以充气的塑料管，穿的时候吹足气，雨衣下半截就像雨伞一样支撑开了。雨衣不会贴在腿上，裤脚也不会淋湿了。不用的时候，把气放掉，可以折叠存放。"

小论文发表后，收入《小小发明100例》一书，署名是："北京打钟庙小学四年级学生林恒韬"。书的封面，画着一个穿着充气雨衣，在雨中兴高采烈行走的男孩子，那神态跟小韬一模一样。

小韬根本就没想到，他的发明竟然在全国首届青少年科学创造发明比赛中，荣获一等奖，并被《我们爱科学》杂志授予"小小发明家"的称号！同时，充气雨衣已在工厂正式投产。

他，依然没有雨伞。雨天，还是那件蓝色的小雨衣保护着他，不过已是不湿裤脚的充气雨衣。

现在，林恒韬已是北京铁道学院附中的学生。在新的同学面前，他，依旧是个清贫者：裤子带着补丁，凉鞋是粘补过的，兜里掏不出一分零花钱。然而，从他身上，我们难道不应当对富与穷的含义，做出新的更符合实际的解释吗？在当今世界，一个人富与穷的真正标准，不是有无金钱，而是有无知识和才能。因此，我们可以毫不犹豫地说：林恒韬是最富有的少年！

光荣与梦想写在他的发明里

张宁，一个普通得不能再普通的名字，他曾经工作过的成都无缝钢管厂就有三个人叫张宁。

然而，就是这个拥有普通名字的张宁却令人刮目相看。当我们翻开中国科协青年科学获奖者材料时，却有这样一行字迹映入眼帘：

张宁，机械设计专家，长期从事非职务发明，以及承接一部委的有关课题，成果60余项，其中七项申请国外专利，六项属世界独一无二的发明，曾获中国科协第一届"青年科技奖"，全国总工会"自学成才奖"，并先后有八个项目获得国际国内的发明奖和科技成果奖……

在常人的眼里，命运仿佛垂青于38岁的张宁，成功对他来说似乎易如反掌。当他初次成功的时候，一道道猜疑的目光流露于人们的眼神中，好像在说，没上过大学，靠的是自学，难道他有天赋？那么多老工程师都干不出来的事，年轻的张宁竟干出来了，难道他是个天才？但是，谁能想到，多少辛酸，多少挫折，多少委屈都写在他的发明里。

起初，张宁感到要干成一件事的莫名的兴奋。随着研究进一步的深入，失败也一次次打击着他。正在这时，国家恢复了高考制度，酷爱读书的张宁当然期望像自己的父辈一样进入高等学府。他和几个要好的朋友一起参加复习，他是他们中间成绩最好的一个，进入大学可以说是很有把握的。张宁一边复习功课，一边还在搞训练器械的研制。要大幅度提高运动的成绩，必然要向传统的训练器械挑战，简单的革新固然容易，关键的是理论上的创新。此时的他面临两种选择：是考大学还是继续他的研究？张宁认真地权衡一下，他想，上大学拿文凭的确十分重要，可是很多基础知识自己都自学过，何况我的设计已经有了一定的眉目，放弃不是很可惜？于是，他把自己的想法告诉了朋友们，并展示了该器械的液压原理图。这着实令朋友们大吃一惊。

面对朋友们的不理解，张宁还是走进了自己的发明王国，继续搞起训练器械的研制，这一搞竟然花费了他长达八年的时间。

创新没有季节，更没有止境，日常生活中的点点滴滴往往从我们身边擦肩而过，而张宁却善于从生活中去捕捉，去创新。

1993 年，张宁到江西参加全国小型无缝钢管研讨会。会议之余组织代表参观景德镇几家大型陶瓷厂。精美的陶瓷工艺虽令张宁目不暇接，但仓库一边堆放的破损的陶瓷碎片更使他感到震惊。张宁从厂长那里了解到，这点儿损失还不算什么，在长途运输中造成的损失更是惊人。这种世界闻名的陶瓷器具出口量很大，而因运输中造成的破碎导致的索赔却让工厂难以承受。于是，张宁就跑到包装车间去看，原来精美的陶瓷工艺品只是用马粪纸包几下就装进了纸箱，一股为之惋惜的冲动涌上心头，这么大的损失仅是由于包装的缘故，如果能发明一种防损坏陶瓷的包装箱该有多好！偶然的发现竟然使张宁琢磨了三天三夜。经过几年的研究实验，张宁提出的气垫包装减振理论，很好地解决了陶瓷、玻璃以及电器、精密仪器等易破易损产品的防振问题，并同有关部门进行合作制造出了气垫式包装箱。试验结果证明了其性能和包装方法均优于当时国内外普遍认为是最佳的悬挂式包装方法，并得到国际包装界的承认。

近年来，张宁发明的新型无渗漏密封内盖，被有关专家认为是世界上第四种密封形式柔性密封，它较好地解决了渗漏问题，是理论上的重大突破；多用途高强度无螺丝快速联接装置，解决了一般螺纹联接装置因较强振动而退丝、滑丝所造成的松动、脱落等断裂，最大限度地减少事故和损失；DLZIV 型车用吸能释能缓冲装置，是一种为解决汽车撞车时的能量吸收和缓冲减振等问题的世界上具有突破性和独创性的最新发明，为此张宁还被邀请参加 1995 年 11 月在德国召开的"世界 2000 年汽车安全问题学术研讨会。"

张宁很感谢他的妻子，他说，许多课题基本上是俩人一起做。我绘总装图，她画零件图，当然一些课题是由庞大的课题组共同攻关完成的。这么多年来，当我灰心丧气的时候，当我不被人理解的时候，她给我了很大的支持。

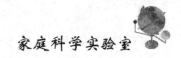

她也是我课题的第一个评判者，她和我一起经历着发明中的酸甜苦辣。

走进张宁的家，没有现代化的电器，没有豪华的家具，狭小的卧室兼工作间里最引人注目的还是那张被制图工具占得满满的写字台……

每个人付出了努力都希望得到回报，张宁和他的妻子更希望他们的发明成为科技发展的基石。面对成功和失败，他们有着自己独特的见解。张宁说，我们承担的课题可能产生很大影响，但我们追求的是"服务社会，造福人类。"获得诺贝尔奖毕竟是少数，从事发明创造不能以成败论英雄，做出的成果为后人奠定基础是成功，得出的教训作后人的铺垫亦是成功。妻子说，没有压力谁还会尽心尽职地干好事情？这些年我们给了自己很多的压力，自得其乐吧。惟一对不起的就是我们的女儿，小的时候，跟着我们搞课题东奔西跑，上小学后就没有跟我们在一起，更谈不上培养她的特长，辅导她的学习，陪她出去玩了。

张宁一直认为，自然界任何物质都是有生命周期的。自然科学乃至社会科学的理论，都是具有周期性的。在它们的生命周期里，它们是公认的真理，然而随着科技的发展，社会的进步，必然就会有适应新环境的更合理、更完善的理论将它们取代。

在大自然中培养学习兴趣

自然是一所大学校。在这个学校里，孩子学到的不只是自然知识，最重要的是通过自然，培养了他们的学习兴趣。你看，在梅梅很小的时候，爸爸就开始带她走进大自然了——

春天，爸爸带她去踏青。风儿吹、雨儿淋、艳阳照，百花开、小鸟叫、万物生。梅梅一会儿笑、一会儿叫。他们陶醉在美丽的大自然之中。

"这是地，那是天，这是树，那是草，这是虫，那是鸟。"梅梅随着爸爸重复着"地、天、树、草、虫、鸟"，不时去指，不时去摸，不时去瞧，又不时咿咿呀呀哼着奇怪的曲调。看着她开心，爸爸也大笑，梅梅在笑声中又蹦又跳。

等她再大一些，爸爸从书店买来画书，回到家里让她看。梅梅一会儿指太阳，一会儿指月亮，一会儿点小鸟，一会儿点绿树。拿来别的玩具，她玩一会儿就放下，惟有那本书，她总是玩不腻。她一边玩，一边撕，撕不动就拿嘴咬。

妈妈和小梅梅讲道理："不要撕，不要咬，梅梅是个好宝宝。这是花儿，那是草，梅梅从小爱花草。"女儿听着，瞪起双眼四处瞧，嘴里喔喔地说着话。

在大自然的锤炼下，虽然梅梅的婴幼儿时代并没有认字百个、背诵唐诗多少首的成绩，但在大自然的拥抱中培养的观察能力和学习乐趣，却为后来的成长打下了良好基础。

爸爸说应该收集孩子的"学习力"，每个孩子，在学习的过程中，都需要有一个"学习力"支撑着，使他向知识海洋的纵深处延伸。他给孩子的"学习力"主要来自于收集。历史的回忆是成长进步的阶梯，为儿女们"集历史"，成了他的一个新创意。

于是每当一学期结束，梅梅开始准备下学期的书本时，爸爸就开始收集她上学期的作业和试卷，并选出最具有代表性的作文、试卷和用田字格写的字单独放到牛皮纸袋中。

他对女儿说："这几张是珍品，爸爸想收藏。"梅梅惊讶地看着爸爸，一边答应着，也同时为爸爸能这么重视她本来认为无用的东西而感到吃惊。爸爸告诉她："这几张纸上的字写得多好啊，让我留个纪念吧！"女儿惊愕地点头答应了。

从那儿以后，梅梅写字和做作业更认真了。当又一个学期结束时，爸爸在收集新作品的同时把女儿原来的"作品"拿出来让她看。对比中，女儿看到了自己的进步：字写得比原先更好了，作文也比原先的更强了，解数学题的能力也提高了。女儿在爸爸的收藏活动中，变得更爱学习了，这就有了后来的自学能力和习惯。

后来市面上出现了半导体录音机。爸爸买不起录音机，就借来一台录音机为儿女们保留下他们最珍贵的声音。这就有了后来的多媒体成长史素材。

爸爸惊奇地发现，儿女们对那段有录音的历史记忆得非常清楚。这些纪录把他们当时的智慧生命信息网一直"链接"到了今天。收藏作业和多媒体这些成长史，成了孩子们的"学习力"，最终使全家人都成为爱学习的人，都养成了良好的学习习惯。

在观察中学习创造。观察在孩子成长过程中具有难以估量的作用。只有孩子具有观察的兴趣，乐于观察，他才会有学习的兴趣和创造的基础。

有一天，2岁的弟弟正在玩。当饭菜摆上桌时，梅梅叫他过来吃饭，可他就是不动，总在注视着地上的什么东西。着急的梅梅一把拉过弟弟按在饭桌前，他却"哇"的一声大哭起来。

爸爸对女儿说：弟弟正在搞研究，给他一个机会吧。就这样，他们一起观察起来。原来弟弟正在注视着一只瓷老鼠，老鼠制作得还挺精致。炯炯有神的一对小眼睛透着亮光，耳朵眼儿里的轮花依稀可见，似卧非卧的姿态像是要逃跑的样子，只是尾巴不知怎么没有了，露出了一个小洞。

弟弟的注视说明他对这个小玩意产生了兴趣，慢慢地，他开始用手去摸它，后来又试探着拿起来，但最终没敢往脸上放。又过了一会儿，他开始拿着一根小棍儿在尾巴处的小洞上点按。发现这只没尾巴的小老鼠不完美，他要给老鼠安上尾巴。直到爸爸帮他把小棍儿在尾巴处插好，他还久久不愿离去。

从这次之后，他们姐弟俩对发明创造的乐趣更浓了。

孩子们的很多发明大都是来自于生活。"小奇奇锤"的发明就是在生活中产生的。

由于爸爸工作一天比较劳累，姐弟俩开始探讨怎样才能创造出一种新型的健身按摩锤，这种锤能像人手按摩一样，既能保证对穴位敲击有较大的力度，又不疼痛。

梅梅找来了输液瓶塞，弟弟从爸爸的零件堆里翻出了一个个大小不一的弹簧，两个人一会儿粘一会儿绑。看他们那认真劲，还真像个小发明家。爸爸一边欣赏，一边赞扬，当他们在爸爸的身上试验时，爸爸高兴地告诉他们："舒服多啦!"他们听了非常的高兴。

功夫不负有心人，在鼓励和支持中，一种新型的缓压健身锤就这样被姐弟俩发明出来了。

它的关键创新点是：在基体和触头间增加弹簧缓压。操作者尽可以使劲去敲击穴位，以保证穴位处得到较大的刺激力度，但因为有弹簧缓解压力，穴位处并不感到疼痛难忍。梅梅为这个发明起了个好听的名字——"小奇奇锤。"

爸爸指导他们学习申请专利，并配合他们到工厂指导生产。当河北省青少年发明一等奖的荣誉到来时，姐弟俩都谦虚地推让。最后，姐姐把参加国际夏令营的机会给了弟弟。弟弟上飞机的那天，全家人都去送他。

朋友，这就是生活：生活就是要有创造、有爱，只有这样，生活本身才能够成为一种快乐、一种享受。

"玩具"开发的小发明者

14岁的女孩刘诗仪，是深圳市南山实验学校初二年级的学生，她既是班长，又是学生会主席，还是《校园童话》的主编，擅长吹长笛，同时，又是"小发明家"。2004年5月，她当选为第三届中国少年科学院小院士。刘诗仪是一个"做事执著，有责任心和有主见的人"，而她自己则说："这些离不开父母的家庭教育。"

刘诗仪的父亲刘根平是深圳一所学校的校长，母亲刘道溶是一名高级教师。在学龄前，刘诗仪主要以玩为主。

为了让女儿玩得更快乐，当年，刘道溶几乎跑遍了全深圳的玩具店、儿童用品店，买来各种各样的玩具。

不过，刘道溶买玩具也是有讲究的，她认为玩具并不是越多越好。玩具过多孩子就不知道该玩哪一个了，注意力不集中，反而不利于培养她的兴趣与探索精神。

刘道溶认为，必须把玩具与孩子的成长结合起来，在玩中学，在玩中培养动手能力和爱思考的习惯。孩子只有具备动手和观察能力，将来才会变被动为主动地学习知识。

玩具也不是越贵越好，像电动车之类的玩具，刘道溶很少给孩子买。因为这些玩具不但贵，并容易坏，更重要的是它们属于"傻瓜玩具"，孩子参与不进去，打开开关，它自己就动起来，反而没有操纵者的事了。

相反，刘道溶倒是鼓励小诗仪自己动手制作玩具，哪怕非常的简陋，玩起来也趣味盎然。拼积木、拼地图、拼动物，甚至自己动手制作玩具以及看图做实验等，都是为了让孩子在玩的过程中学会动手和培养观察能力。

平时在生活中，刘道溶经常给小诗仪讲身边的科学，在收拾鱼时，给她讲鱼是怎样游动和沉浮的；用电热壶烧水时，给她讲电产生热的原理，并提示她观察蒸汽顶开壶盖的现象……结果正如她所言：小诗仪对新鲜事物都特别感兴趣，而且动手能力也很强，遇事不弄懂绝不罢休。

4岁时，她甚至懂得举着塑料袋站在椅子上，观察在无风的情况下塑料袋是否摆动……

刘道溶和丈夫还经常利用节假日带着小诗仪走出家门，触摸大自然中的阳光、空气和雨露，观察大自然中的万事万物，探索大自然的奥秘。

为了教诗仪识字，刘道溶在家具等物品上挂上用毛笔书写的大字，甚至结婚照上也写着"爸爸"、"妈妈。"

有很多父母都以孩子能认多少个字为荣，而刘道溶则认为，认字不是目的，对字的运用，如阅读、写作，才是最重要的。一个人学习能力的好坏以及有没有继续学习的能力，关键在于他是否能主动地阅读。这不仅取决于认字的多少，更取决于对字词的理解程度。小诗仪4岁多时，虽然只认识80多个字，但她可以阅读简单的图书了。于是，刘诗仪又多了一个新"玩具"——书，多了一个"游乐场"——书店。

书买回来后，他们不会说"爸妈花了很多钱，你一定要看"之类的话，只是把书放在诸如地板、床、书房、餐桌等随手可及的地方。诗仪想看就看，不想看就不看。

他们认为，强迫小孩子看书效果只会适得其反，孩子即使当时不会看，以后也会看。最要不得的就是逼着孩子看书，使她觉得看书是一件苦事，这对孩子未来的学习将非常不利。

除了阅读，刘道溶还鼓励诗仪写日记，培养写作能力。如今，刘诗仪可以写数万字的论文，这与小时候的训练是分不开的。

刘道溶和丈夫都是从事教育工作的，可是他们却有意淡化自己的这种背景和特征，因为这样可以减轻女儿的压力，使她获得一个轻松愉快的学习环境。

经常听到一些父母对孩子说："你看，爸妈怎样怎样，你怎么就做不到！"这种抬高自己的说教对孩子并没有什么帮助。

"做一个'傻妈妈',给孩子权利,才能培养出一个有主见且自信的孩子。"刘道溶深有体会地说。大事精明,小事糊涂,对教育子女同样非常重要。

有一次,上小学的刘诗仪听到一个新词"既往不咎",回来问妈妈这是什么意思。刘道溶说,妈妈也不是很清楚,你去查一下词典吧,回来再告诉我。

小诗仪便兴冲冲地去查字典了,过了一会,对妈妈说:"这个词出自《论语》,是孔子最先用的。它的意思是说,对过去的事就不追究了,看问题要面向未来。"

刘道溶夸奖她一番,说:"我现在知道了,如果以后忘了,再向你请教。你可要记住喽!"

当然,随着刘诗仪的长大,这样的"伎俩"就不能用了,于是刘道溶决定做一个"懒妈妈"。也就是说,不尽善尽美地回答她的问题,要给她留下思考与补充的余地;不代替她做出选择,而是让她自己做出判断,对自己负责。

小朋友都非常喜欢恐龙,每当诗仪问爸妈这方面的问题时,他们总是回答一半,告诉她可以去哪里找答案,怎样去思考。现在,刘诗仪俨然是一个"恐龙专家",对恐龙的种类、生活习性、生活的年代等了如指掌,同时对它的灭绝提出种种设想,让人很佩服她的学习与创新能力。

给予尊重。当下,男女同学之间关系的处理,是个令许多父母头痛的问题。很多父母害怕或是禁止女儿与男孩交往。刘道溶却认为:遇到这种事越发要尊重孩子,信任孩子。之所以担心,是因为我们不了解孩子,要是我们对孩子有足够的了解,父母就不会担心了。

刘诗仪与其他孩子一样,也遇到过一些问题,但她总是主动向妈妈"请教"。刘道溶从不会回避,对于自己答不上来的问题,她甚至要查找好几天的资料直到找到科学、有说服力的答案为止。

女儿的疑问解开了,对于两性关系的好奇感消失了,对于早恋等不良的现象也就有了自己的价值判断。因此,刘根平夫妇从不担心甚至鼓励女儿与男同学交往,他们认为,得到男孩的欣赏,有利于培养女孩的自信心。

责任心。爱心是责任心的基础,有了爱心她知道去关心别人;有了责任心，她知道去关心社会，关心我们生存的这个大环境。

健全的人格离不开善良与责任感，孩子失去责任心就可能失去一切。正是由于父母在点点滴滴的生活中，注意培养刘诗仪的责任心和集体荣誉感，使得她遇事敢于承担责任。

刘诗仪读小学一年级时，有一天回家后闷闷不乐，对妈妈说他们班里的孩子上课不听话，老师的批评同学们也不听，嗓子都说哑了。

当时，刘道溶并没有去多想。可是第二天，小诗仪回家后又对妈妈提起了这件事，并说老师的嗓子哑得已经不能给我们上课了。

刘道溶意识到孩子除了心地善良外，还有很强的责任心，于是对女儿说："你可以想个办法帮助老师呀！"

结果，小诗仪领着妈妈去买了咽喉片……

刘诗仪从小喜欢动手搞一些小制作、小发明。8 岁时与同学合作搞出了小发明《组合清凉书包》，获广东省三等奖。小学二年级时，刘诗仪参加了学校的科技兴趣班。六年级时，她将圆珠笔、尺子、温度计合为一体，发明了"三楞尺油笔。"

2004 年 5 月，她当选为第三届中国少年科学院小院士。

二、实践里面出真知

磁力的对比实验

3 块大小不一的磁铁，一些钢质或铁质的东西（比如硬币），1 张桌子，1 把尺子。

实验步骤

1. 把大小不一的磁铁放在桌子上，彼此相距大约 10 厘米。

2. 把硬币也按步骤 1 的方式摆放在桌上，让它们对着磁铁，但是保持一定的距离。

3. 用尺子把硬币逐渐往磁铁的方向推，使硬币与磁铁越来越靠近。

产生现象

有些硬币几乎立刻就被磁铁吸过去了，而有的硬币只是当离磁铁很近的时候才被吸了过去。

原因解答

　　磁铁对一定距离之外的东西仍产生磁力：磁铁越大，磁力越大，能吸引物体的距离也越远。

"裹住"磁力

材料准备

几张报纸，几张铝薄纸，一些布料，1块大号磁铁，1件铁质的东西。

实验步骤

1. 用报纸把磁铁包裹起来，然后去吸铁质物品。

2. 换其他材料包住磁铁，按照步骤1，依次去吸引那件铁质的东西。

3. 现在，让我们用相同的材料给磁铁再裹上一层，一层一层往上加，使磁铁的吸力越来越弱，直到消失为止。

产生现象

隔着一层薄的材料，磁铁照样把东西吸住了。但是随着一层一层的增加，材料变厚，磁力逐渐消失了。

原因解答

虽然磁力可以透过一层薄的材料，但是它并不能透过很厚的材料。这个实验证明，我们可以把磁铁隔离起来，以使那些需要防磁的物体免受磁铁的影响。

磁力强度测试

材料准备

一些不同形状（比如马蹄形、条形、圆形）和不同型号的磁铁，一些钢质或铁质的东西（比如回形针、硬币、钉子），几个硬纸盒。

实验步骤

1. 把钢质和铁质的物品按种类分别装在不同的盒子里。

2. 拿着不同形状和不同型号的磁铁轮流在这些盒子上吸，然后分别数一数每种东西被吸住的数量。

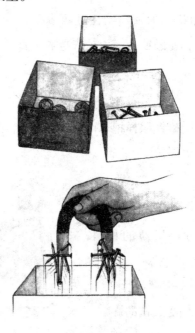

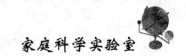

产生现象

有的磁铁吸的东西比其他磁铁多。

原因解答

磁铁的形状影响了磁铁的磁力：马蹄形的磁铁比条状的磁铁磁力大，而条形磁铁的磁力比圆形磁铁的磁力大。形状相同的磁铁，体积越大，磁力越强。

磁力线

材料准备

一些铁碎屑（能在工厂车间弄到，或者从一块铁上面锉下来），1 块条形磁铁，1 块马蹄形磁铁，2 张明信片。

实验步骤

1. 把 1 张明信片放在条状磁铁上面。

2. 逐渐把铁屑撒在明信片上，用你的手指轻轻敲一敲卡片。

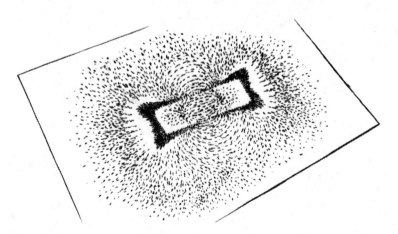

3. 在马蹄形磁铁上进行相同的操作。

产生现象

大部分的铁屑围绕着磁铁的外围，另外少部分则分散在四周。

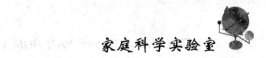

原因解答

因为磁铁的磁力集中在磁极，也就是磁铁的两端。远离了磁极，磁性就没那么强了。

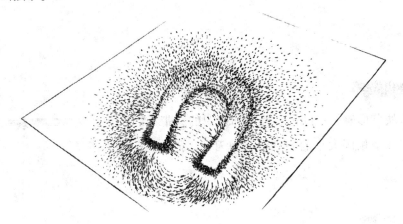

"浮动" 的磁铁

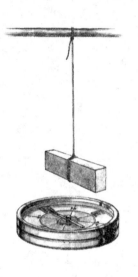

材料准备

2 块条形磁铁；红色、蓝色和透明的胶带；1 个指南针；2 个相同大小的硬纸盒；剪刀；2 支铅笔；1 根细绳。

实验步骤

1. 如右图所示，在磁铁上系一根细绳，然后把它提起来悬在指南针上方，等待它停止旋转。接着，对比磁铁的位置和指南针指针的位置，在指南针指着的那一端贴上红胶带，在另一端贴上蓝胶带。然后，在另一块磁铁上进行相同的操作。

2. 把颜色相同的磁铁两端相互靠拢，然后把不同颜色的磁铁两端也相互靠拢。

产生现象

颜色相同的两端没有互相吸引，而颜色相异的两端紧紧地吸附在一起。

3. 在每个盒子里都粘一块磁铁，然后盖上盒子。在盒子外面，根据盒子里磁铁两端的胶带颜色，粘上对应的、同样颜色的胶带。

4. 在一个盒子的上面摆上两支铅笔，接着把另一个盒子放在铅笔上，让两个盒子两端对应的颜色相同。

5. 用透明胶带把两个盒子绑在一起，再抽走铅笔，用手向下压上面的盒子。

上面的那个盒子就像浮在另一个盒子上一样。

原因解答

每一块磁铁的两极都有着不同的磁极（南极和北极）。同极相斥，异极相吸——这就是两个盒子相互排斥的原因。因为相同的两极的作用，使两个盒子相互推开。你克服它们之间的抗办把它们压到一起后，只要一松开手，上面的盒子就又回到了原来的位置。

远距离推车

材料准备

2 块有相反两极的条状磁铁（参看上个实验），1 辆玩具卡车，1 卷胶带。

实验步骤

1. 用胶带把磁铁绑在卡车上。
2. 用另一块磁铁把卡车吸过来。

产生现象

当你用相同的两极靠近卡车的时候，卡车被推动了。当你把不同的两极相互靠近时，卡车朝你的方向移过来。

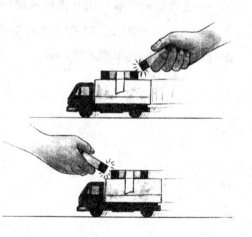

原因解答

卡车的移动是由磁力决定的，它让卡车指向了两个方向——朝着你手中的磁铁的方向（因为异极相吸）和另一个相反的方向（因为同极相斥）。你可以使用这个实验和你的朋友做游戏。

找到北方

1个盆，水，1块条形磁铁，1个浅的聚苯乙烯塑料盘（必须要比碗小，在水面上移动的时候不会碰到碗壁），彩色胶带。

注：检查周围，确定没有钢或者铁做的东西。

实验步骤

1. 把盆装满水，在塑料盘的中央粘上磁铁，然后把盘子放在盆里的水面上。

2. 转动盘子，然后等着它停下来。

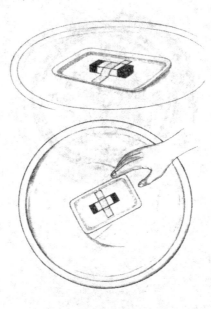

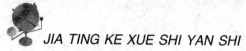
3. 在磁铁两极指着的盆沿上贴上胶带，红的那端贴上红色，蓝的那端贴上蓝色。

4. 然后再转动盘子。

产生现象

当盘子停下来的时候，磁铁两极还是指着与胶带标注的相同的方向。

原因解答

地球的磁力太强大了，它使所有能够移动的磁铁一端指向南极，另一端指向北极。

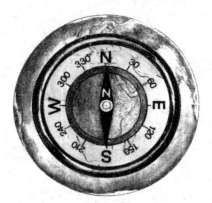

制作磁铁

材料准备

1 块条形磁铁，2 根粗一点的针。

实验步骤

1. 用磁铁的一端，摩擦两根针全身各 40 次，每次摩擦都朝同一个方向。

2. 把两根针放在一起，先让它们的针尖相碰，再让它们的针眼碰在一起。

产生现象

根据相碰的不同两端，两根针相互排斥或相互吸引。

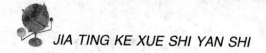
JIA TING KE XUE SHI YAN SHI

原因解答

    磁铁在针上的摩擦使针具有了永久的磁性。实际上，这两根针就像两块磁铁，根据相靠近的磁极，它们就彼此相斥或者相吸了。

吸还是不吸？

材料准备

几根针，1 块磁铁，坚硬的地板。

实验步骤

1. 用磁铁的一端往一个方向摩擦一根针 40 次，使它磁化。
2. 拿磁化的针靠近其他针。

产生现象

像上个实验那样，磁化的针吸住了其他的针。

3. 现在，把这根磁化的针反复往坚硬的地板上面扔。

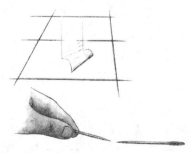

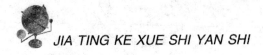

4. 再次把它靠近其他的针。

原因解答

　　被来回的扔在坚硬的地板上之后，这根针已经失去了磁性。每次被扔，组成针的粒子就向磁铁摩擦的相反方向颠簸，粒子变得混乱，于是磁性就消失了。

分割磁力

1 根大针，1 块条形磁铁，老虎钳，一些大头针。

1. 照前几个实验的方法，把针磁化。

2. 用磁铁轮流靠近针的两端，针的一端会与磁铁相吸，另一端则相斥。

3. 请一位成年人帮你用老虎钳把针从中折成两段。

4. 再试试用磁铁靠近两截断针。

产生现象

断成两截的针就像两根磁铁，每根都有南极和北极。

5. 再把断针从中折断，用磁铁靠近这些断针和大头针。

所有的断针都被磁铁的两极相吸或者相斥，而且也能吸引大头针，所以现在它们都是小磁铁，每一根都有两极。

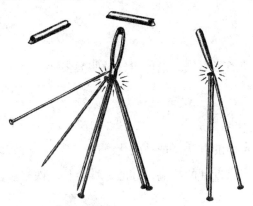

原因解答

磁铁是由数不清的很小很小的磁铁组成的，这些小磁铁叫做磁性元素，每一个都有南北两极。并且，即使我们把磁铁分割得很小很小，每一块小磁铁仍然有两极。从这个实验中，你可以知道，磁铁所包含的每一个原子（最微小的部分）都是有磁性的。

磁力链

材料准备

1 块磁铁，2 根钉子。

实验步骤

1. 用磁铁把一根钉子吸起来，然后用磁铁提着这根钉子向另一根钉子靠近。

产生现象

第一根钉子把第二根钉子吸了起来。

2. 把第一根钉子从磁铁上拿开，但是与它保持较近的距离。

产生现象

第一根钉子仍然吸着第二根钉子，两根钉子连结在一起。

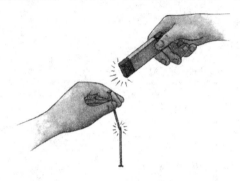

3. 把磁铁移开。

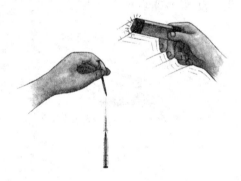

两根钉子分开了，第二根钉子掉落了下来。

原因解答

与磁铁接触后，第一根钉子被磁化了，因此也像磁铁一样吸住了第二根钉子。磁铁的磁力在它附近也存在，因此在这个实验的两个部分中，我们能看到磁力都被传导给了两根钉子。磁力的传导由于磁铁被拿开而停止。

磁性交换

1 根钉子，1 块条形磁铁，1 个小钢球（比如轴承里的滚珠）。

1. 拿起磁铁靠近钢球，用你的手指触碰钢球，测试磁铁传出的吸力。

2. 拿起钉子，放在钢球上，然后拿开。

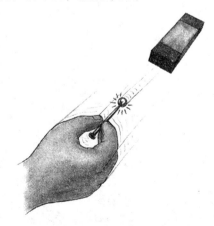

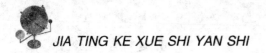

产生现象

钢球自动贴住了钉子。

原因解答

磁铁的磁力传给了钉子，使钉子具有了相同的磁力。

风　筝

1 块系着细线的磁铁，1 个回形针，1 张彩色卡片，1 把剪刀，1 卷胶带，1 根细绳，1 支铅笔，1 张桌子。

实验步骤

1. 在卡片上画出风筝的形状，并把它剪出来，然后用胶带把回形针贴在风筝的中心。

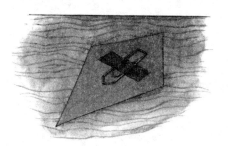

2. 剪一根大约 30 厘米长的线，一头系在回形针上并穿过卡片，另一头用胶带贴在桌子上。

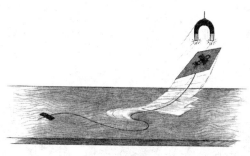

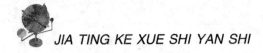

3. 用线提着磁铁，从上方靠近风筝。

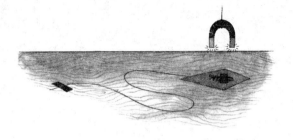

产生现象

风筝"飞"起来了，并随着磁铁移动。

原因解答

磁铁的磁力比风筝的重力强，所以把风筝从桌子上拉了起来。

一起去"钓鱼"吧!

一些彩色的塑料片,一些回形针,1 根小木棒,1 根长线,1 块马蹄形的磁铁,1 个盆,水,1 把剪刀。

实验步骤

1. 把塑料片剪成一些小鱼的形状。

2. 在每条小鱼的"嘴"上都别上一枚回形针。

3. 用绳子把磁铁系在木棒上，这就是你的鱼竿了。

4. 在盆里装满水，把小鱼扔下去。

5. 把磁铁垂在水面，但不要碰到小鱼。

产生现象

鱼就像要咬饵一样，朝着磁铁升上水面！

原因解答

磁铁的磁力比鱼的重力强，所以鱼被磁铁从盆底吸了起来。

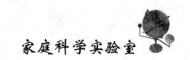

电磁流

材料准备

1 个 4.5 伏的电池，几根铜丝，1 张硬纸板，1 把剪刀，铁屑。

实验步骤

1．请一位成年人帮你在硬纸板上穿两个至少相距 10 厘米的孔。

2．请一位成年人帮你剪一条约 30 厘米长的铜丝。用铜丝穿过纸板上的孔，将两端在电池的两个触点上缠紧。

3．在纸板上撒上铁屑。

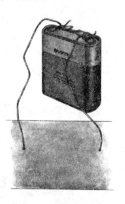

产生现象

铁屑绕着铜丝排列出一圈圈的同心圆圈。

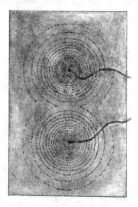

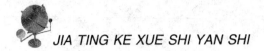
原因解答

电池产生的电流通过铜线，产生了一个磁场，吸住了铁屑。

4. 把一根铜线从电池触点上松开。

5. 晃动卡片，把铁屑弄散。

产生现象

铁屑仍然随意地散在卡片上。

原因解答

当电流被中断的时候，电流产生的磁场也跟着被破坏了。

随你掌控的磁力

1个4.5伏的电池，几块木板，2颗金属图钉，1根金属回形针，几根铜线，1颗大铁钉，胶带，1盒大头针，1把剪刀。

实验步骤

1. 首先，做一个开关。把图钉固定在木板上，大约相隔2厘米。然后把回形针展开，一端放在铜线下。

2. 请一位成年人帮你剪一条约15厘米长的铜线，然后把铜线的一端缠在电池触点上，另一端压在木板上的图钉下面。

3. 再剪一条约60~70厘米长的铜线，把铜线的中间部分缠在铁钉上，大约缠10圈。

4. 把这根长铜线的一端缠在电池的另一个触点上，另一端塞在另一个图钉的下面。

5. 用回形针把两颗图钉连接起来当作开关，然后打开开关。

6. 把大钉子的尖端靠近盒里的大头针。别针没有被铁钉吸引。

7. 把开关断开，然后用铜线把钉子包裹住，尽量多缠几圈，并尽量缠得又紧又密（可以用胶带把铜线固定住）。然后再把铜线和电池、开关连接起来。

8. 打开开关，试着用钉子的尖端再吸一次大头针。

铁钉吸住了大头针。

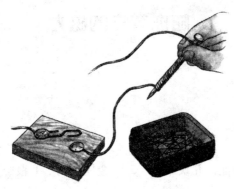

原因解答

铁钉上缠的铜线越多，产生的磁场越强大。现在，这个铁钉就像一块真正的磁铁了。

9. 把回形针移开，关掉开关。

产生现象

大头针掉回盒子里。

原因解答

当电池产生的电流被中断了以后，磁场消失了，铁钉也失去了磁力。但是，如果钉子是钢做的话，那么即使电流消失了，它仍然会保持磁力。

简易电动机

材料准备

2 块标注了两极的条形磁铁，1 个小线轴，几米铜线，3 条电线，1 根木质牙签棒，2 颗图钉，1 块小木板，1 颗回形针，2 根橡皮筋，4 个软木塞，2 个铁垫圈，1 个 9 伏的电池，胶带。

实验步骤

1. 在小线轴的头尾缠上几圈铜线，尽可能地缠得又密又紧，把铜线的两头留出来。如下图所示，把橡皮筋绕在小线轴上。

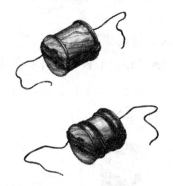

2. 把牙签从小线轴的孔中穿过去，尽量小心不要穿破铜线。在牙签的两头各穿一个铁垫圈。如下图所示，把铜线的两头穿过铁垫圈并系紧。

3. 如下图所示，用胶带把磁铁绑在两个相对的软木塞上，使它们不同的两极相对。把另外两个软木塞分别摆放在两块磁铁的两边，与两块磁铁连线呈十字交叉，把牙签放在这两个软木塞的上面，然后用胶带把它们尽量绑紧。

4. 如下图所示，把图钉固定在木板上，使它们大约相隔2厘米。把回形针展开，一头穿在图钉的下面，以便回形针能把两颗图钉连接上。这样你就做好开关了。

5. 把3根电线两端包裹着的塑料皮去掉一些，然后做一圈这样的电路：用一根电线把电池的一个触点和一个铁垫圈连接起来；再用一根电线把另一个铁垫圈和木板上的图钉连接起来。最后，用连接另一颗图钉的电线和电池的第二个触点接上。如下图所示。

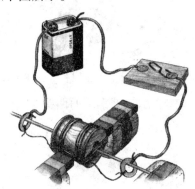

6. 把回形针放在图钉上以打开开关，这样，电流就能通过了。

产生现象

小线轴一颠一颠地动了起来。

原因解答

两块磁铁产生了磁场，它从一块磁铁的北极出来，进入另一块磁铁的南极。当我们接通电流，围绕着铜线附近就产生了第二个磁场。两个磁场交替吸引和排斥，使缠在小线轴上的铜线一会儿向上、一会儿向下地运动起来。

交互磁流

1 颗大铁钉，1 块标明磁极的条形磁铁，1 个 4.5 伏的电池，几根铜线，1 根针，1 个软木塞，胶带，1 个盆，清水，彩色颜料。

实验步骤

1. 沿着针身以相同的方向连续摩擦 40 次，对针进行磁化处理。观察针和磁铁之间的相互吸引，找出针的北极，并把针的北极涂成红色。

2. 用胶带把针粘在软木塞上，然后将盆装满清水，再将软木塞放在水面。

3. 根据前面实验中所阐述的方法，自己动手制造一个电磁体：把铜线的中间绕在钉子上，然后把铜线的末端连接到电池的触点上。

4. 用钉子靠近针的一端，然后再靠近针的另一端。

产生现象

针的一端被钉子所吸引——即涂色的那一端。从下图中我们可以知道，钉子的尖部是南极，而钉帽部分则是北极。

5. 把电磁体上的铜线从电池的两个触点上拿开，然后把铜线的两端连接到电池的相反两个触点上。

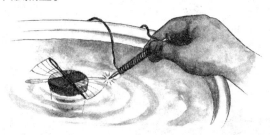

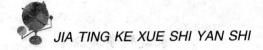
6. 将钉子的钉尖靠近针的末端。一开始，针会被吸引。

产生现象

针开始旋转起来。

原因解答

在电磁体中，磁场的正极取决于电流的方向。当你把铜线的触点位置调换过来以后，电流的方向也发生了改变。因此，你同时也改变了钉子的极性。

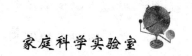

特殊的力量

1 个气球，一些碎纸屑，1 面墙，水龙头，1 块羊毛质的布料。

1. 把气球吹大，用布料用力摩擦气球表面。

2. 将气球靠近碎纸屑，但不要接触到。

产生现象

碎纸屑跳起来，并粘在气球上了。

3. 再用布摩擦气球，并将球靠近墙。

产生现象

气球贴在墙上了。

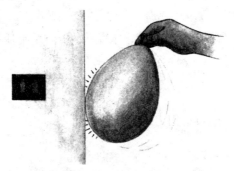

4. 拧开水龙头。再次摩擦气球并将气球靠近水流。

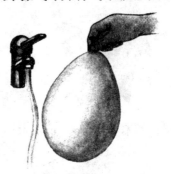

水流弯曲并跟随气球运动。

原因解答

当我们用羊毛材料摩擦气球时，气球就会带电，能够像磁铁一样吸引物体。你还可以将气球靠近自己的头发，头发会像被施了魔法一样立起来。

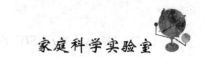

气球试验

材料准备

2 个气球，线，1 块羊毛布料，1 张纸。

实验步骤

1. 吹大气球。如图所示，用绳子将气球绑在一起。
2. 用布分别摩擦两个气球。
3. 捏住绳子中间，将两个气球提起，让气球垂向地面。

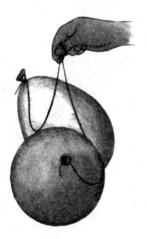
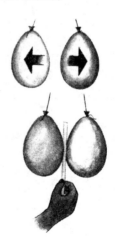

产生现象

两个气球互相排斥。

4. 在气球中间放一张纸。

129

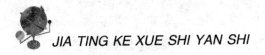

产生现象

两个气球靠在一起。

原因解答

同样的物体拥有相同的电荷，并且同性电荷相斥，两个气球都带有负电，所以相互排斥。那张纸有相同数量的电子和质子，不带电，因此，纸张中的正电吸引了气球中的负电。

会动的吸管

4 根塑料吸管，1 根玻璃棒，1 块羊毛布料，1 张桌子。

实验步骤

1. 将两根吸管平行放在桌子上，相距 5 厘米。

2. 用布料摩擦另外两根吸管，如图所示，将其中一根放在前两根之上，然后用第四根吸管接近这根吸管，先从左至右，再从右至左移动。注意不要接触到这根吸管。

产生现象

放在两根平行吸管上的吸管向前向后滚动，好像被第四根带电吸管推动一样。

3. 用布料摩擦玻璃棒并重复这个试验。

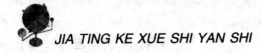

吸管滚向玻璃棒。当你抽动玻璃棒时，吸管跟随其运动。

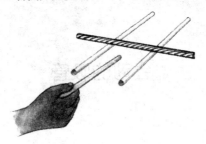

原因解答

　　塑料吸管带负电，而用布料摩擦过的玻璃棒带正电。带有相同性质电荷的塑料吸管相互排斥，而带有相反性质电荷的玻璃和塑料吸管相互吸引。

三、发明创造的方法

组合发明法

任何较复杂的思维过程都包含着分析和综合。分析是在思维上把事物的整体分解为各个部分、个别特征和个别方面;综合是在思维中把事物各个部分、不同特征、不同方面结合起来。索尼磁半导体的研制者菊池诚博士曾指出:"我认为搞发明有两条路:第一条是全新的发现;第二条是把已知其原理的事实进行组合。"发明晶体管的肖克莱也认为,所谓创造就是把以前的独立发明组合起来。组合类技法正是以上这类发明方法的概括。

对于相同与不相同的事物,经过一番适当的组合就会创造出另一种新型事物,并且会产生难以预料的作用。这是一种古老而又新颖的发明创造方法。比如最简单的组合,饭锅和电炉组合在一起就成了电饭锅,而水杯和电炉组合在一起则成了电热杯。因此只要根据需要,把不同的事物进行有机的结合,就有可能创造出新事物。但是,需要注意的是,组合方法并不是简单的相加或叠加,它需要把现有的知识、技术、工艺和智慧进行合理而综合的开发,从而在科学的基础上,创造出新的技术产品,这才是组合方法的真谛。我们应该相信这种组合方法的威力,并让这种方法为你的发明创造奇迹。

分解重组法

任何事物都可以看做是由若干要素构成的整体，各组成要素之间的有序结合，是确保事物整体功能或性能实现的结构保证。如果有目的地改变事物结构要素的次序并进行重新组合，有可能引起事物功能或性能的变化，发明创造正需要这种变化。

分解重组是一种立足改变事物原有结构的组合方式。运用这种技法时，首先要分析研究对象或创新目标的结构特点，这是动手"剪辑"前必须要做的事情。在此基础上再考虑如何进行结构变换和重组，结构变换和重组后会获得什么样的效果。如果分解重组后只是一种形态变异，对事物的性能或提供的服务并不产生积极的影响，这种"剪辑"是徒劳无益的。如果分解重组能产生新的效果，则意味着它具有创新功能，值得花力气去做具体的结构设计。

在分解重组创新方面，美国发明的变形金刚玩具可谓聪明绝顶。传统的人形玩具都是固为一体的，拆散后即成废品。变形金刚则由若干可动零件组成，通过人们的"剪辑"重组，便可时而金刚、时而汽车、飞机或恐龙。由于这种玩具形态可变，令天下儿童爱不释手。随着电视卡通片《变形金刚》的推波助澜，这种舶来品以所向披靡之势闯进我国玩具市场，给我国玩具厂家和开发设计者上了一堂生动的创新启示课。

材料组合法

材料组合的创造技法，是一种常见的发明方法，在现实中具有重要的作用。第二次世界大战以后开始的新技术革命中，60%—70%的科技成果都是由于采用了综合的方法而产生的；这是因为，50年代后，技术发展开始由单项突破走向多项组合，独立的技术发明逐渐让位于"组合型"新技术。由组合求发展，由综合而创新，已成为当代技术发展的一种基本方法。

材料组合是应用各种化学、物理原理，将不同的材料组合起来获得新材料的方法。具体方式常有交合、融合、混合、渗透等。

例如，人们常见的铁芯铜线，将导线中间的铜换为铁，应用了铁与铜的组合，既保证了产品质量又降低了成本。应用类似的办法，日本某公司解决了磷青铜容易被腐蚀的问题。他们的具体做法是，把1200℃的熔融的铜注入两块不锈钢板之间。

又如，斯恩宾将硝酸滴于棉布上发明了硝化棉火药，德国的化学家将甲醛融于牛奶发明了酪基塑料，贝克莱将甲醛与苯酚融合发明了电木。

人们还应用气体与液体固体混合的办法发明了冰淇淋、膨化雪糕、泡沫塑料、发泡的轻型钢、加气水泥、速溶饮料等。应用渗入的方法采用渗碳、渗硼、渗硫、渗氮，研制成功了钛合金等满足各种不同需要的金属材料。

元件组合法

元件的组合并不是指一般的零配件装配，而是指把本来不是一体的两种或两种以上部件依一定的技术原理组合为一体，使其具有新功能的方法。

目前应用元部件组合而产生的发明数量极大。例如，日本有人将胸针、项链、耳环、戒指、服装及鞋的装饰与微型光源组合，使这些产品产生光彩耀人、异常美丽的效果。还有人将手电筒与雨伞组合，生产出一种具有照明功能的雨伞，给持伞的人带来方便。英国的 STC 公司将发光机构与手套组合，发明了指尖发光手套。日本索尼公司将收音机与手表、万用表与手表、计算器与手表组合，生产出具有各种功能的手表。我国台湾一家公司还将收音机与帽子、电风扇与帽子组合，并采用了太阳能电池，很受旅游者们的喜爱。还有人将各种微小的电器产品与钢笔或圆珠笔组合、生产出各种专用笔。

近来应用微型音乐及语言处理集成片与各种物品结合，如用来改善音响效果，而导致的发明更是层出不穷。这类产品早期开发成功的例子是音乐贺年卡，随后音乐门铃、音乐枕头、音乐锁、音乐黑板、音乐喷泉、会说话的娃娃、会说话的鹦鹉等相继问世。

缺点改造法

世界上的事物不可能至善至美，但是，人们总想事物变得完美无缺，这种客观存在与主观愿望之间的矛盾，就孕育着创新的种子。列举缺点后分析缺点和进行改进设计，就可以获得发明创造成果，这就是缺点改进法的基本原理。

一些青少年朋友，非常期望自己能搞一些发明创造，但有时苦于找不出下手的课题。这里介绍的缺点改造法，也许会帮助你。许多成功的发明家，有一个鲜为人知的秘诀，这就是他们懂得，世界上一切事物都没有十全十美的，即使是名优特畅销商品，也并非完美无缺。寻找各种用品、用具、器械的缺点和短处，从中发现问题，这是发明创造的绝妙突破口。当你发现了某一物体的一个重要的短处，往往就找到了一个发明课题。努力设法弥补这一缺点，你就会做出意想不到的发明来。

运用此法从事发明创造，首先要有心理准备。尽管任何事物都有缺点，但并不是所有的人都乐于去寻找。人的心理惰性往往造成一种心理障碍，既然对现有事物比较满意，也就不愿去发现缺点，更不用说吹毛求疵地去搞发明创造了。因此，树立不相信世间有完美事物的观念和追求更完美的动机，对发明创造者来说是十分必要的。

在这里可以举一个最简单的例子，用壶烧开水，一不注意，水开了会把火扑灭，酿成危险。有人发明在壶盖边上开一个小口，水沸时，蒸气使之叫出声来，提醒烧水人注意，即减少危险，又减少能源浪费。事实上，飞机、汽车或轮船的发展史都是在补短发明过程中完善起来的。因此，从你周围熟悉的事物、用具、器具当中，努力地发现它们的短处，甚至可以说是隐蔽性非常强的短处，从而更进一步研究出相应的解决办法，动手进行改进，这就

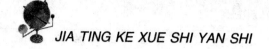

是"缺点改造法"成功的真谛。

美国有一位著名的玩具制造商叫梅林·威尔丝女士,她24岁时带着重病的小女儿去看病,在候诊室里看到许多小朋友手里拿着裸身木偶在玩时忽然想到,可以透过扩缩之法予以改进:给玩偶穿上衣服,也许孩子们会更加喜欢。于是,她回家后立即找了些碎花布进行制作,待她的孩子们拿着她缝制的穿花衣的玩偶出现在他们的小伙伴们面前时,小伙伴们个个都兴高采烈,这给了她很大的信心。

接着,她又想到按流行的童装缝制玩偶衣裳,进而想到利用服装厂的边角余料以降低成本。她批发购入裸身玩偶,将其改扮成穿着最新时装的玩偶销售,受到了更多的小朋友的欢迎。

也许有人会说,这种简单的改进已成为历史,现在可不容易找到这种机会了。这里再举一个并不遥远也并不复杂的改进产品的成功案例。

美国牙科医生明娜·杜尔斯经常看到患龋齿的孩子来看病,便问他们为什么不刷牙,孩子们都说讨厌牙膏中的薄荷味,因此不喜欢刷牙。由此,她运用缺点改进法进行创意思维:如果在牙膏中加上糖浆和果汁,减少薄荷,说不定孩子会喜欢刷牙了。为了印证这种创造,她立即动手配制了几种新的牙膏,先给自己的孩子试用。果然,孩子们都把刷牙当成一件乐事,每天主动去刷牙,甚至一天还刷两三遍,这种产品批量生产后,大受社会欢迎。产品成型后,明娜·杜尔斯又再次运用扩缩法进行创新,她推出橙汁、苹果、香蕉等各种香味型牙膏,并将牙膏制成橙红、果绿、淡黄等悦目的颜色,一时间,这些果汁型儿童牙膏风靡全美。

缺点逆用法

世界上的事物都有优点和缺点，有时缺点还是优点的"影子"呢！列举缺点搞发明可以有两条途径：其一，是睁开双眼找缺点，然后想办法去克服缺点，用改进设计去获得性能更优的新事物；其二，是反其道而行之，睁开创造性思维这"第三只眼睛"，看看事物的缺点能否在别的场合变成优点，进而思考能否开发出满足人们某种需求的新事物。前者为缺点改进法；后者是缺点逆用法，它的思维基础是逆反思维。

运用缺点逆用法时，首先要发现事物可利用的缺点。一般来说，发现事物的缺点并不太困难，而找到可以利用的缺点却不容易。因为缺点多是要遭排斥的，人们习惯于思考如何去排斥缺点而很少去考虑运用它。在发现可利用的缺点后，紧接着是分析缺点，认清其本质，即抽象出某种被认定为缺点的现象背后所隐藏着的原理或特性。当找不到缺点的原理或本质时，则要跳出缺点本身，思考与此相关的东西，依靠创造性想象使缺点成为灵感的激发素。

不干胶纸的发明

1974 年一个星期天的上午，阿瑟·弗赖伊又准时来到教堂的唱诗班唱歌。

唱诗班的歌声乍起，弗赖伊急忙拿出唱本，寻找今天所要学唱的那首。这位讲究效率的化学家，为了在唱诗时能尽快找到指定的圣歌，就在唱本中央夹一张小纸条作记号。但不知怎么回事，今天唱本中的小纸条不见了。

弗赖伊急匆匆地翻找指定的圣歌。越是着急，越是难找，他感到有点狼狈。

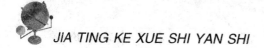

回家路上，弗赖伊一边埋怨自己粗心大意丢失作记号的纸条，一边冒出一个念头：要是有一个能固定在原处不易失落的书签该多好！

有了这个念头，弗赖伊果真动起脑子来。开始，他想到邮票背面涂上胶，用舌头一舔就能贴在信封上的方法，但仔细一推敲，就觉得这种方法用在书签上不行，因为一粘上书页就揭不下来了。后来，他又想起贴伤口的胶布，再一想也觉得不妥，因为用胶布贴上后再揭下来，书上会留下难看的痕迹。

他一时找不到能贴能揭的好办法。

有一天，他听朋友说起明尼苏达矿业公司的斯彭恩·西尔弗正在研制一种强力粘结剂，可是研制的新东西有一个明显的缺点，即它只在一段时间内粘得住，过不了多久就粘性减弱，变得毫无用处。西尔弗正在为克服这个缺点加紧研究。

真是天赐良机，弗赖伊马上想到西尔弗发明的粘结剂的缺点正是自己想象中的方便揭贴纸所需要的特性。

于是，弗赖伊在别人"失败"的基础上获得了自己的成功。尤为可贵的是，富有商业头脑的弗赖伊并不满足自己发明的书签在唱诗班上让人称赞，他想到了这种方便揭贴纸广泛的商业用途：印作产品商标、剪制商店橱窗文字广告、封贴包装纸箱，等等。

果然，弗赖伊发明的方便揭贴纸——现在叫做"不干胶纸"很快成为畅销商品。昔日寒酸的化学家一跃成为显赫的百万富翁。

PN 结温度传感器的发明

上世纪40年代发明出半导体三极管后，电子学发生了一场深刻的变革，但同时也留下一个令人头痛的问题，即晶体管的特性会随着温度变化而变化，严重影响测量仪器和控制系统的正常工作。电子学研究者为矫正此缺陷颇费心机。然而，我国发明家张开逊巧用缺陷，利用晶体管物理特性随温度变化而波动的规律去测定温度，结果发明出"PN 结温度传感器"，并成为获得日内瓦发明大奖的第一个东方人。

需要创造法

曾有位学者说过："需要乃发明之母"，源于需要而创造出来的发明真是俯拾即是。例如：需要节约时间，在饮食方面就出现了快餐食品；需要光亮，则发明了蜡烛、煤气灯、白炽灯、日光灯等；需要即时通达信息，从古老的烽火台到现代的电报、电话、移动电话、无线广播等层出不穷；需要保藏食品，不仅发明了罐装食品，更有了电冰箱、电冰柜等。总的来说，需要能为你提出发明创造课题和目标；需要能激发你的聪明才智；也能催你千方百计去设计和制作等。只要有了发明的目标，再经过一番精心设计，然后运用正确方法和技巧去制作，获得成功是必然的。

事实上，有不少发明是被"逼"出来的。

无论是为情所逼还是为势所逼，都告诉我们一个道理："逼"能激发智慧，产生创意。

为什么能逼发创意？原来人处危急或受逼时刻，受到外界强烈的刺激，会产生"应激反应"，神经会一下紧张起来，处于超常的激发状态。这样，就促使人们强化创新动机，释放智慧潜能，喷涌灵感思维，最大限度地调动聪明才智。所以有人说，当人们急得如热锅上的蚂蚁团团转时，想出的主意往往会比平常多出几倍甚至几十倍，也容易产生一般条件下难以想到的创意。科学研究也证明，人在受逼的紧张时刻，脑肾上腺素、甲状腺素的代谢亢进，大脑活动确比平常显著活跃。

其次，是因为逼迫之际，所面对的问题近在眼前，迫在眉睫，时空距离大为缩短，人们的注意力更集中，对问题就可能看得更全面、透彻、真切，也更容易充分利用现有的特殊条件或意外的信息，独具匠心地去解决问题，显出平时隐没的才智。

此外，对群体而言，受逼或危急状态能激励大家合力同心，减少内耗以求共渡难关，并能更好地集思广益，发挥集体智慧。

作为发明创造技法，逼发创意可以通过感悟压力和自己给自己出难题的方式实施。

感悟压力就是从各种信息中感受到某种压力对自己生存与发展形成威胁后，思考能否通过发明创造来解脱危机或摆脱困境。

自己给自己出难题，就是在解决问题时有意提一些限制性的条件，逼迫自己限时解决看起来难以解决的问题。待"逼上梁山"后，发明创造的机会也就来了。

在美国，亨特和郝斯达真心相爱了。但是，他俩要结婚并非易事，因为郝斯达小姐的父亲表示反对。

亨特站在郝斯达父亲面前，诉说他非常爱恋郝斯达，并保证让她得到幸福。

"你能让我的女儿得到幸福？恐怕你穷得连 50 美元都拿不出来！"郝斯达父亲相信两个年轻人真诚相爱，但怎能相信家境贫寒的亨特能给女儿以幸福？

亨特和郝斯达苦苦哀求，老人仍铁石心肠。为了摆脱亨特的纠缠，郝斯达的父亲以攻为守地对亨特说：

"你若在 10 天内赚到 1000 美元，我就答应你和我女儿结婚。"

"爸爸，你怎么能提出这种条件呢？"郝斯达知道这是父亲有意刁难亨特，不高兴地跑进房内去了。

亨特没想到郝斯达的父亲如此看重金钱，赌气之下脱口而出：

"好吧，等我赚来 1000 美元，你可不能反悔啊！"

郝斯达的父亲料想在 10 天之内，亨特靠正当手段赚 1000 美元是无论如何也实现不了的事情，便斩钉截铁地说决不食言。

为情所逼，亨特为 1000 美元的事废寝忘食，绞尽脑汁，郝斯达也为亨特的草率承诺担心。

第二天，亨特还是想不出一点办法。

第三天，亨特仍一筹莫展。

怎么办呢？到了第四天，一队迎亲的队伍从楼下通过，亨特望了望那些襟前戴着歪歪扭扭的缎花的人们，突然一个主意涌上心头。

"我可以搞发明出卖！"亨特转愁为喜。他要发明一种专门用来固定缎花的东西。于是，他剪下一截铁丝开始试验。开始，他作出别针的原型，再分析改进的办法。他想来想去，觉得将别针弯个圈，再用一片薄铁皮做一个尖套，固定在一端。使用时，先弹出针尖，别好缎花后再将针尖弹进保持套里，既安全又保险。仅用了半天，亨特就发明出"安全别针"。

亨特马上请人代理了专利申请，接着找到一家缎花店出卖他的专利权。老板看了亨特的发明后，认为设计合理，市场前景广泛，便表示愿用500元先买下专利权，然后按生产额的3%作为佣金支付给亨特。

"不，我只要你一次性支付1000美元。"亨特表明自己的态度。

"这样你会后悔的。"老板还算是开明之士，把心中的话说了出来。

"不，我不后悔。"听说老板愿一次付出1000美元，亨特十分高兴地说。

亨特拿到老板给他的现款，三步并作两步，急忙跑去找郝斯达的父亲。

这已是期限的最后一天了。郝斯达的父亲正端坐在客厅中，看见喘着粗气的亨特。问都懒得问。

当亨特从袋里掏出1000美元，并述说了他赚钱的经过后，郝父脸色大变。但为了不食言，只好同意他的求婚。

由于亨特发明的安全别针非常实用，问世后深受广大社会人士欢迎，不多久就畅销全美国，缎花店老板赚得连嘴都合不拢了。

后来，当郝斯达对亨特抱怨说他太傻时，亨特却泰然地说："我虽然没有成为富翁，但是我得到了最心爱的你。"

的确，比起爱情来，金钱又算得了什么？

联想发明法

所谓联想就是由某个事物而想起其他与之有关的事物。它是人类认识、研究和运用较早的一种心理活动。一些学者曾把古希腊科学家亚里士多德的联想观点发展为联想的三种方法，就是在空间与时间上接近的事物形成接近的联想（如由铅笔想到橡皮擦，由水库想到水力发电机等）；有相似特点的事物形成类似联想（如由带钩的草籽想到尼龙搭扣）；有对立关系的事物形成对比联想（如由热想到冷，由高想到低，由海洋想到陆地）。例如，发泡技术的类似联想产生了一系列意想不到的新发明。最早发泡技术的运用，就属我国的馒头和西方的面包。以后则有发泡橡胶、发泡塑料等一系列产品。

当你研究一个发明对象时，把你已经知道的物品或曾经看到的某种现象同研究的对象联系起来，加以比较，从中受到启发，或者是对某种技术的模仿和借鉴，从而打开思路，创造出新的东西来。联想法是一种富有活力的创造发明方法。运用联想法，必须思路开阔，善于把握事物之间的共同之处和彼此之间的关系，善于调动你记忆中的所有储备。同学们应该在平时多看、多想、多在脑中放一些供联想的事物。有时也许只是一句话、一个故事、一次游戏，都会激发起你发明的灵感！

安藤百福 1910 年出生在台湾，原名吴百福。他早年在台北经营针织品生意，1933 年到日本大阪经商，1948 年创立日清公司的前身——中交总社食品公司。因为发明了方便面，他的人生发生了转折，被称为"方便面之父"。

2004 年的"世界方便面高峰会"在上海举行，主持会议的是世界方便面协会会长、方便面发明人、94 岁高龄的安藤百福。

安藤百福发明世界上第一包方便面——"鸡肉拉面"是在 1958 年，当时他已 48 岁，而开发方便面的灵感则早在 1945 年就已萌生。

二战后，日本食品严重不足。一天，安藤百福偶尔经过一家拉面摊，看到穿着简陋的人们顶着寒风排起了二三十米的长队。这使他对拉面产生了极大的兴趣，感到这是大众的一个巨大需求。但是他并没有着手开发，直到他担任董事长的信用组合破产后，一瞬间失去了几乎所有财产时，才决心把事业的中心转移到"食"上面来。

1958 年春天，安藤百福在大阪府池田市住宅的后院内建了一个 10 平方米的简陋小屋，找来了一台旧制面机，然后买了面粉、食油等，埋头于方便面的开发。

安藤百福设想的方便面是一种只要加入热水立刻就能食用的速食面，他设了五个目标：味道好且吃不厌；可以成为家庭厨房常备品且具有很高的保存性；简便，不需要烹饪；价格便宜；安全、卫生。他开始研究时完全处在摸索阶段，早晨 5 点起床后便立刻钻进小屋，一直研究到深夜一两点，睡眠时间平均不到四小时，这样的日子整整持续了一年。

在面类这一行，他完全是一个外行。面条的原料配合非常微妙，有很大的学问。他把所有想到的东西全部试了一下，但放到制面机上加工时，有的面松松垮垮的，有的粘成一团。做了扔，扔了又做。整个开发成了一个重复的过程，看不见一丝希望。后来，总算悟出了一个经验：食品讲究的是平衡。食品的开发就是追求和发现这惟一而绝妙的平衡过程。

后来，安藤夫人做的油炸菜肴启发了他。油炸食品的面衣上有无数的洞眼，这是因为面衣是用水调和的，其中的水分在油炸过程中会散发掉，形成"洞眼"，加入开水就会变软。这样，将面条浸在汤汁中使之着味，然后油炸使之干燥，就能同时解决保存和烹调的问题。于是他很快便拿到了方便面制作的专利。

1966 年安藤百福第一次去欧美视察旅行，当他拿着拉面去洛杉矶的超市时，让几个采购人员试尝拉面，他们没有放面条的碗。找到的只有纸杯子，于是把面分成两半放入纸杯中，注入开水。他们用叉子吃着，吃完后把杯子随手扔进了垃圾箱。安藤恍然大悟，脑子里就有了开发"杯装方便面"的构

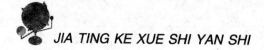

想。在一次从美国回国的飞机上，安藤发现空中小姐给的放开心果的铝制容器的上部是一个由纸和铝箔贴合而成的密封盖子。当时，他正被如何才能长期保存这个问题困扰，想找一种不通气的材料。杯装方便面的铝盖在那一刻就这么定了下来。

安藤百福在上海举行的世界方便面高峰会议上被称为 20 世纪最伟大的食品的方便面，2003 年在全世界的产值达到 140 亿美元。世界方便面协会每两年还召开一次全球高峰会。

逆向思维法

在进行发明创造的时候，有时会遇到难题，绞尽脑汁也想不出好办法来，这时不妨从问题的反方向，运用逆向思维去考虑，即"逆向思维法"，或许会使你茅塞顿开。例如：吊扇，一支吊杆在上，扇在下。若把它颠倒过来，就变为吊杆在下、扇在上的落地"吊扇"。爱迪生将"声音引起振动"颠倒思考为"振动还原为声音"，于是产生了发明留声机的设想；赫柏布斯把吹尘器的原理反过来，设计出新的除尘装置，结果发明了吸尘器。

逆向求解的思路方法是一种新型的求异思维，是一种辩证思维，是思维开阔、思维灵活的表现，思维没有经过训练的人，用起来比较困难。所以说，聪明的创造者能够从多方面思考问题，会充分运用逆向求解的方法，这种方法一旦解决问题，会使你享受到"柳暗花明又一村"的成功喜悦。

圆珠笔漏油问题的解决，经历了一次次的求解过程。圆珠笔是一种使用方便的书写工具，用很小的圆珠作笔尖的设想，可追溯到 1938 年匈牙利人 L·拜罗的发明。拜罗圆珠笔专利中采用的是活塞式笔芯，有油墨经常外漏而弄脏衣服的缺点，这使得曾一度风行世界的"拜罗笔"在 20 世纪 40 年代几乎被消费者所抛弃。

1945 年，美国企业家 M·雷诺兹为回避拜罗的专利，发明了用重力输送油墨的圆珠笔，并将其投入市场。但这种笔仍未解决油墨外漏的难题，所以一样没有得到消费者的青睐。

人们考虑到圆珠笔的市场前景广阔，思考解决漏油的办法一直没有停止。在解决此问题的过程中，许多人习惯于逻辑思考，结果不自觉地沿着三角形的两边搜索；也有人突破传统，采用非逻辑思考，结果找到了"三角形"的斜边，轻而易举地解决了问题。

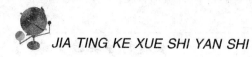

　　"走两直角边"的人，总是遵循"找出原因——对症下药"的思路去冥思苦想，寻求对策。圆珠笔漏油的原因在哪儿呢？经过观察，他们发现是圆珠磨损变小所致。针对这一原因，便顺理成章地想到要提高圆珠的耐磨能力。于是，人们便尝试用耐磨性能好的不锈钢、宝石等材料制作圆珠。然而这种办法并不令人满意，姑且不说采用不锈钢或宝石带来的工艺复杂性和产品价格上升的问题，就是漏油本身也没有可靠地得到解决。因为采用了耐磨性好的圆珠，笔芯头部内侧与笔珠接触的部分反而更容易磨损，间隙增大更快，油墨照样会外漏。

　　1950 年，当人们从磨损方面解决漏油问题一筹莫展时，日本的中田藤三郎变换了一下思路。他想：圆珠笔不是漏油吗？如果无油可漏，不就行了！顺着让圆珠笔无油可漏这条"思路三角形"的斜边，发明人开始了试验。他将圆珠笔在纸上拼命地写，发现写到大约 2.5 万个字就开始漏油，于是他把还有油墨的那段剪去，终于找到了解决漏油问题的办法——控制圆珠笔的装油量，问题就这样轻而易举地解决了。

精细观察法

精细观察，就是要求观察者看得细、察得深。因为这种观察能有效地发现问题，获得发明创造的机会。

大自然的许多真谛常常是由层层帷幕遮掩着的，只有体察入微、精细观察那些很不起眼的"亮点"或"黑点"，才有可能发现通往真谛的山门。精细观察法作为慧眼识珠一招，其基本原理大致如此。

这种发明创造方法的道理，几乎大家都能明白，但是在实际观察中不见得每个观察者都能做到明察秋毫。事实上，走马看花者有之，粗枝大叶者有之，睁开眼睛看不清门道者也不乏其人。英国有位医学教授有一次给学生上课时，用手指在糖尿病人的尿样瓶里蘸了一下，然后放在口里尝了尝。接着，他要求学生照他的样子重复一遍。学生们无可奈何，愁眉苦脸地勉强照着做了，并且一致认为尿液微带甜味。这时，教授语重心长地说："从事科学研究不仅需要勇气，更需要精细的观察能力。刚才，如果你们体察入微的话，就会发现我伸进尿样里的是中指，舔的却是食指。"这则轶事，能给发明创造者带来何种启示，恐怕是不言而喻的。

运用此法应注意以下几点：

首先，要具备好奇心。好奇，是创新者应有的一种心灵。科学巨匠爱因斯坦说："我没有特殊的天赋，只有强烈的好奇心。"发明大王爱迪生则说："谁丧失了好奇心，谁就丧失了最起码的创造力。"上面的发明创造实例也说明，一个人对各种事物的好奇心愈强烈，探索的目光就愈明亮，许多自然界的秘密就会暴露在好奇心的巨大视野之内。相反，一个人如果对周围发生的新奇现象熟视无睹或习以为常，那么他的目光就会短浅，甚至连发明创造的机遇碰在鼻尖上，也不知是什么东西。因此，具备强烈的好奇心是运用洞察奇异法的心理基础。

其次，要培养洞察力。善于洞察，才会有新的发现，才会捕捉到发明创造的契机。所谓善于洞察，就是要善于用敏锐的眼光去看，用科学的思维去想。一个成功的创造者，在常人的心目中，似乎是因为他有什么超人的洞察力，其实，"超人"的东西是没有的，有的只是对观察的深刻理解和不断地将"观"与"察"有机结合的能力。

再次，就是要把握住对效应的分析。所谓效应，是指自然界的某种作用产生的效果或反应，如电磁效应、光电效应、磁场效应、温室效应、臭氧层效应等。一事物潜在的、未被发现的重要事实和发展趋势，总是要通过其现象凸显出来。如果说形态奇异是事物的外在特征的话。那么，效应奇异的现象便涉及事物内部作用机制了。运用洞察奇异法时，我们首先要观察发现形态奇异的事物或现象，进而去分析其与常规效应不同的奇异效应，因此只有这种深入的洞察，才有可能剖析出鲜为人知的知识，悟出发明创造的思路。

大千世界，无奇不有。如果你能随时留心洞察各种新颖奇特的异常现象，就有可能碰到机遇女神前来敲门而你恰好在家的好运气。

一天早晨，化学家波义耳照例正要去实验室巡视，一位花匠走进他的书房，在屋的角落摆下一篮美丽的深紫色紫罗兰。波义耳随手拿起一束紫罗兰，它那艳丽的色彩和扑鼻的芬芳使人感到心旷神怡。他一边观赏着一边向实验室走去。

"威廉，有什么新情况吗？"波义耳问一个年轻的助手。

"昨天晚上运来了两大瓶盐酸。"

"我想看看这种盐酸，请从烧瓶里倒出一点来。"

波义耳把紫罗兰放在桌子上，去帮助威廉倒盐酸。盐酸挥发出刺鼻的气体，像白烟一样从瓶口涌出，倒进烧瓶里的淡黄色液体也在冒着白烟。

"威廉，这盐酸好极了。"波义耳高兴地说，他从桌上拿起那束花，正要回书房去，这时，他突然发现紫罗兰上冒出轻烟。原来盐酸的飞沫溅到花朵上了。他赶紧把花放进水盆中清洗。令人奇怪的是，紫罗兰的颜色变红了。

这个偶然的奇异现象引起了波义耳的兴趣。他走回书房，把那个盛满鲜花的篮子拿到实验室，对威廉说："取几只杯子，每种酸都倒一点，再弄些水来。"

年轻的助手按照波义耳的吩咐，一个杯子倒进一种酸，再往每个杯子里放进一朵花。波义耳坐在椅子上观察着。深紫色的花朵逐渐变色了，先是带点淡红，最后完全变成了红色。

"威廉，看清了吗？不仅是盐酸，其他各种酸，都能使紫罗兰由紫变红"波义耳兴奋地说："这可太重要了！要判别一种溶液是不是酸，只要把紫罗兰的花瓣放进溶液就清楚了。"

"紫罗兰不是一年四季都开花的！"威廉带着惋惜的口气说。

"你学会动脑筋，为了方便鉴别溶液的酸性和碱性，我们该做些什么呢？"波义耳向助手提出了新的问题。

不久，他们研制出一种用石蕊浸泡过的指示纸，很方便地就能分辨出什么是酸什么是碱。这对化学研究工作具有重要的意义。

假设思考创新法

所谓假设思考创新法，是指人们在已有知识的基础上，对在实践中观察和研究遇到的一些现象提出一种假设性的说明。如果这种说明被实践所证实，那么，这个假设就算成立。任何创新或创造发明在构想阶段都是一种假设，只有被实践证实了，所进行的种种创新才能最后成立，并发挥它的作用。

在创新过程中要想运用好这种假设创新法，应当注意三个方面的问题：

一是要敢于将书本、经验和权威类的有关定论放开，大胆假设，小心求证。

二是假设的提出还要有一定的观察和事实为基础。

"大陆漂移说"就是以地球上非洲西海岸与美洲东海岸相吻合等事实为依据的。假说的提出和主观臆测是不同的，也和幻想有着本质的区别。

三是假设提出后要进行验证，假设的结论必须经得起科学实验或社会实践的检验。

像所有卓越的科学家一样，魏格纳以他短促的一生给我们留下很多东西。大陆漂移假说就是那许多财宝中最伟大的丰碑。大陆漂移说宛如激昂的旋律，喷发出铿锵的音符。是他，拉开了现代地理革命的序幕。

1910 年的一天，德国年轻的气象学家魏格纳正在看世界地图，他惊异地发现，南美洲巴西的一块突出部分和非洲的喀麦隆海岸凹进去部分，形状非常相似，如果把它们拼合在一起，就正好吻合。看起来好像是西半球和东半球正在慢慢地漂离。根据 19 世纪进行的经度测量，格陵兰和欧洲大陆在 1 个世纪内远离了 1.6 千米，巴黎和华盛顿平均每年远离了 4 米多，圣迭戈和上海的距离平均每年接近 2 米。为什么这样凑巧？莫非太古的时候，这两块大陆本来是一个整体，后来裂开、漂移，形成现在的样子？魏格纳在产生这一想法时曾说："但我也就随即丢开，并不认为有什么重要意义。"

第二年秋天，魏格纳得到巴西与非洲很早以前连在一起的古生物学证据，根据古生物所提供的证据，巴西与非洲间曾经有过陆地相连接。魏格纳说：这是我过去不知道的，这段文字记载促使我对这个问题在大地测量学与古生物学的范围内，围绕上述目标从事仓促的研究，并得出重要的肯定的论证，由此就深信我的想法是基本正确的。"这增强了他进一步探索这个问题的信心。他说："就像我们把一张撕破的报纸按参差不齐的断边拼接起来一样，如果看到其间印刷文字行列恰好吻合，就不能不承认这两片破报纸原来是一张报纸"。这似乎是一种十分合理的和令人信服的理论。然而也出现了反证。因为后来人们发现格陵兰地理位置的明显移动是基于错误的测量。20世纪较精确的测量结果表明这块土地根本没有移动。尽管如此，有关大陆架结构的新证据，海洋中部裂隙的性质以及南极两栖动物化石的发现都使"大陆漂移说"更加吸引地质学家们寻找新的证据。

在此基础上，1912年，魏格纳提出了"大陆漂移"假说。这种学说认为，在距今2亿年的中生代之前，地球上只有一块庞大的原始陆地，叫做"泛大陆"，周围是一片汪洋。这个巨大的花岗岩体破裂成几个大块，并慢慢分开，漂浮在玄武岩底盘的海洋上，经过几亿年的时间，演变成为现在这个样子：美洲脱离了亚洲和欧洲，中间留下的空隙就是大西洋；非洲的一部分和亚洲告别，在漂离的过程中，它的南端有偏转，渐渐与印巴次大陆脱开，诞生了印度洋。魏格纳用这一假说解释各种不同类型冰川的变化原因，这当然是因为两极与大陆的相对位置发生了变化的缘故。他还用这种假说解释物种的相似性，例如人们在世界上彼此远离的大陆上发现了相关的物种等。

为了使上述假设能成立，必须进行验证。魏格纳通过地球物理学、地质学、古生物学和生物学、古气候学和大地测量学五个方面进行验证，最后确立"大陆漂移"的学说。

作为追求真理的科学勇士，魏格纳一生曾四次去极地探险考察，在他第二次来到这里时，就深深领略过格陵兰的酷寒，挨过长达三个月的黑暗。

科学是实践与思考的成果，真理是勤奋苦战的收获。魏格纳在最后一次

探险时，在给好友的信中说："无论发生什么事，必须首先考虑不要让事业受到损失，这是我们神圣的职责。是它把我们结合在一起，在任何情况下都必须继续下去，哪怕是要付出最大的牺牲。如果你喜欢，这就是我在探险时的'宗教信仰'"。

魏格纳这位全球构造理论的先驱，被誉为"地学的哥白尼"而名垂千古。

魏格纳提出并创造了"大陆漂移"的理论，运用的就是假设思考创新法。

偷 懒 法

"十年如一日"的重复劳动，精神固然可贵，但作为一种再现性劳动，是无论如何不会与发明创造结缘的。在劳动中如果想想"少出力也能办成事"，"能够偷懒就偷懒"，或许能捕捉到发明创造的机遇。或者说，"琢磨偷懒"也是发明创造一法。

偷懒为什么能导致发明？

首先，偷懒心理可以形成一种发明创造动机。心里琢磨着和勤快人一样收获，但又不想多出力气、多劳心神，于是就会寻找改变当前生产或工作方式的"偷懒"办法，而那些只会按传统方式工作的所谓勤快人，尽管不想偷懒，却也缺乏创新的冲动或企盼。因此，琢磨偷懒之计，是以偷懒的方式启动创新的驱动器。

其次，以懒代勤的办法并不会从天下掉下来。想偷懒，就得勤于观察，勤于思考，勤于实验，以便寻找到某种"懒办法"。因此，琢磨偷懒，并非教人学懒，恰恰相反，它是一种为懒而勤的激励创造技法。

运用此计从事发明创造，首先要从实践中发现使人们感到最繁重、最费工、最繁琐的事情，并以偷懒为动机形成"不这样干也能做好"的设想。在形成课题之后，便应当对事情进行分析研究，找出长期以来为什么非让人这样干不可的原因，为思考"懒办法"提供创造的客观依据。最后，通过创造性思考和科学实验，提出"懒"得科学、"懒"得可行、"懒"得有利的技术方案或方法，实现以懒代勤、少投入多产出的愿望。

琢磨偷懒，要在"琢磨"二字上下工夫。比如，每到春播季节，农民们常常弯腰插秧，辛苦得很，除了思考发明和推广应用插秧机外，还能琢磨出让农民"懒得弯腰"又能种好田的"懒办法"呢。

多年前，有个叫约瑟夫的美国人，在加利福尼亚州的一个牧场里当牧羊童。小学毕业后，由于家庭困难，无法继续升学，只好替人家放羊。眼看着同学们都升学了，小约瑟夫也暗下决心："我也得想个办法来读书，将来做一个大牧场的老板。"

于是，约瑟夫一边放羊、一边看书。他当时的工作是，只要把羊看好，不要让它们越过牧栅去损害农作物就行了。放牧栅是用若干支柱拉着四根铁丝围成的。

但当约瑟夫埋头读书时，牲口却常常撞倒放牧栅，成群地跑到附近的田里去偷吃庄稼。每次发生这种事时，老板就冲着约瑟夫咆哮："混蛋！放羊要什么学问！把书丢掉，好好看着羊！"

约瑟夫既要放羊，又不想放弃读书，便不得不思考"能偷懒就偷懒"的对策。他想："难道没有一种可以加固放牧栅、使羊群跑不出来的办法吗？"于是，约瑟夫开始分析情况，看羊是怎样冲破放牧栅跑出去的。结果，他发现利用蔷薇做围墙的地方，尽管脆弱，但是从来没有被破坏过，而冲破的倒是那拉着粗铁丝的地方。为什么会是这样呢？他疑惑地观察蔷薇。"呵，对啦，原来蔷薇上长着刺。"他忽然发现了秘密，并得到启发："要是全部用蔷薇做围墙……？"

于是，他砍了一些蔷薇枝条栽插在放牧栅的旁边。但当他一望到几十米长的牧栅和想到蔷薇枝条的长势时，不禁心灰意冷。因为这办法太费劲，况且等到全部蔷薇长成围墙能阻挡羊群时，那该是四五年以后的事了。

还有什么"能偷懒就偷懒"的好办法呢？当他下意识地敲了敲放牧栅上的铁丝时，忽然一个"懒"主意浮上心头："能不能用细铁丝做成带刺的网呢？"于是，他弄来铁丝，按照"铁蔷薇"的创意动起手来。他把细铁丝剪成5公分长的小段，然后缠在铁丝栅上，并将细铁丝的两端剪成尖刺。这种工作做起来很快，一天就完成了。第二天，约瑟夫故意隐匿起来观察羊的动静，想看看新办法是否奏效。羊一看约瑟夫不在，就像往常一样，把身体贴靠到放牧栅想把它推倒，但好像被刺痛了身体，不久就纷纷退却了。"成功了！"约瑟夫高兴得手舞足蹈。

　　小约瑟夫不仅可以偷懒看书了，而且因发明出"不用看守的铁丝网"受到牧场主的赞扬。富有商业头脑的牧场主建议与约瑟夫合伙，开设工厂专门生产这种新的围栏以满足牧场的需要。于是，约瑟夫和牧场主又对最初发明进行了改进，设法将两根铁丝绞合起来，把剪短的铁丝夹在中间，改进后的铁丝网效果异常好。他们的产品上市以后，订单纷至沓来，使他们忙得不可开交。为了偷懒，约瑟夫又发明了一些制作铁丝网的工具和设备，既提高了产量，又降低了成本。

　　带刺铁丝网的应用效果，不久也引起了陆军总部的重视，他们认为将其用作战场防御网是一种好工具。也正是军界的垂青，约瑟夫发明的铁丝网更带来滚滚美金。据说，等到约瑟夫的发明专利权有效期届满时，他的财产曾动用 11 个会计师花费了近一年的时间才统计出来。

　　谁能料到，一个贫贱的牧羊童在琢磨偷懒中获得新的发明，并带来巨大的财富。回首其走过的历程，怎能不为他的"能偷懒就偷懒"的思考方式拍案称奇？

　　不久前，山西出了个现代"大懒汉"，他的故事可能让你耳目一新。据报道，曹生吉从部队转业回到家乡后，对种棉花兴趣尤浓。但种棉花工序比较复杂，劳动强度大。曹吉生想：有没有懒办法呢？于是，他尝试不整枝，不打叉，不中耕，晚播种，单行大垄，株间疏稀的方案。许多人见他这样懒，讥笑他种的是"懒棉花"。谁知"懒人有懒福"，曹吉生的"懒棉花"居然大获丰收，而且品质也不错。有关曹吉生的报道，都说他"懒得有理"，"懒得有利。"

三阶段发明法

发明创造，各人有各人的经历，不可能是沿着同一条"思维运河"前进的。但从大量的发明创造案例分析当中，我们又发现这样一个规律：发明创造只是一种过程，它不可能一步登堂入室。沿着"悬想——苦索——顿悟"的思维境界一步步推进，是发明创造的一种思维模式，可称为"三阶段发明法"。

所谓"悬想"阶段，也就是提出创意阶段。这个阶段的特点是要"独上高楼"，提出匠心独具的发明创造课题。由于创造性思维的运用和社会需要的提示，我们开始可能产生较多的创意或设想，只有通过选择，才能形成苦索阶段的课题。

"苦索"，实际上是分析问题和解答问题的过程。由于发明创造追求的是具有新颖性、创造性和实用性的技术方案，仅仅依靠过去的知识和经验进行逻辑推理是难以如愿的。这个阶段被称作"苦索"。

"苦索"意味着常常会出现苦思冥想仍无所获的痛苦阶段，思路中止了，解决问题的办法"上穷碧落下黄泉，两处茫茫皆不见"。但是，有作为的发明创造者，这时应树立信心，学会灵感思维、发散思维、想象思维和直觉思维，把各种思维方法综合运用、任意组合，就会在思考中促使思维突变，迎来"顿悟"时刻。

进入到"顿悟"阶段，也就是找到了问题求解的突破点。这种"蓦然回首"不仅接通中断了的逻辑思维，而且将创造过程转入具体的技术设计阶段。这时，发明创造者就可凭借自己的知识和能力，用新的技术方案去固化自己由顿悟引发的创造性思维成果。

在这种"三阶段"模式基础上，有人认为还应当增加"验证"过程，即验证顿悟所获的创新方案是否可行，于是又有了发明创造的"四阶段"横式。

如果再精细一点，免不了出现"五阶段"或更多阶段的进程模式。但不管怎样划分，"提出问题——分析问题——解决问题"的基本框架是发明创造活动的逻辑思路。

20世纪70年代初期，周林在上海上学。每年冬天，他和许多同学一样手脚长满了冻疮，痒痛难忍，四处求医用药，都治标不治本。冻疮的痛苦折磨着他，也引发他的思考："难道世上就没有更好的办法对付冻疮吗？"带着这个问题，周林四处打听和查阅资料，结果都令人失望。在这种情况下，周林"独上高楼"，产生了求解冻疮治疗难题的"悬想"。

彻底治愈冻疮的新办法在哪里呢？周林进入"苦索"境界。他利用各种机会，收集民间偏方试验，分析打针、吃药、针灸方法，也无进展。在反复琢磨中，他逐渐感到再现前人的研究是没有出路的，只有走前人没有走过的路才有新的希望。但是，这条新路又在何方？几年过去了，周林仍举目茫茫。毕业后，他在工作岗位上仍念念不忘治疗冻疮的课题，苦苦寻找新的治疗方案。在那些日子里，他走路想，吃饭想，连做梦也都在思索。体重减轻了，面庞憔悴了，但顽强的周林对治疗冻疮的新方案"苦恋"不止。

终于有一天，周林步入"顿悟"境界，找到了攻克难关的新思路。那天，他在一台大型砂轮旁打磨铸件，沉重的铸件在砂轮的磨削下产生巨大的冲击振动。瞬间，一股强大的振荡冲击波从双手传遍全身，周林感到热血沸腾，此时，一个灿烂的创造火花在脑海突闪："谐振？谐振？发热？治冻疮？"这一顿悟，使周林中断了的思维变得通畅，他想到了用电谐振刺激人体血液循环的治冻疮原理。

从此以后，周林便潜心于从生物医学工程和现代频谱技术的结合方面进行研究，终于发明创造出一种治疗冻疮的仪器。这种仪器的核心部件是电热频谱管，它能产生特殊的谐振波。将长有冻疮的手脚放在管下，便开始治疗。实践证明，效果明显。1985年10月，周林以其发明荣获首届世界青年发明家科技成果展览会金牌奖。

事故启迪法

事故为什么会导致发明创造？

首先，人们并不希望发生不利事故，但是一旦发生，总得设法排除。比如洪水肆虐，冲垮防洪堤坝，危害人们生命财产安全。面对洪水之害，我们必须迅速设法解决，于是各种抗洪办法应运而生。在不断完善抗洪办法的过程中，少不了推出一些发明创造。例如，有人发明出"钢架截流法"、"水袋阻水法"以及"沉船阻流法"等等。

其次，为了预防有可能发生的事故，人们也常常立项研究，即有目的地提出发明创造课题，引导人们去发明创造。例如。为了预防家中厨房起火，高压锅爆炸、煤气中毒，等等，人们事先就潜心研究，发明出家用消防器、防爆高压锅、煤气泄漏报警器等新产品，以满足人们对安全的需求。

运用事故启迪法，一般有两种技巧。

其一是借已发生的事故激发创意，寻找排除事故或预防再次发生事故的新办法。

其二是假想事故激发创意，即假设某种事故发生，我们将如何对付！比如，我们假想高速行驶中的汽车突然刹车失灵，我们该怎么办？或者当我们发现车辆就要起火而车门打不开时，我们该采取何种办法？这种"事故想象"必然激发我们的创造性思维，除非你根本不去考虑这种万一发生的事故。

运用事故启迪法，除了能创造性地提出问题外，还需要进行安全性设计，这是发明创造过程中的技术关键。没有这一环节，事故是决不会引发出真正的发明创造的。

有位司机经常长途跑车，一次，由于身体疲劳，"瞌睡虫"忽然使双眼一闭，高速行驶的汽车一下就撞上了路边的大树，树毁车翻，人受重伤。事故后，这位司机对如何防止行车中打瞌睡的问题情有独钟，结果发明出一种电子提神器，带在头上精神焕发，有效地驱走了"瞌睡虫"。

主体添加法

运用主体添加法，不仅能搞出"小发明"，也可以获得技术上较复杂的"大发明"。许多重要的优质合金材料，就是在"添加实验"中显露峥嵘的。在机械传动中，有人在普通滑动丝杆传动中添加滚珠，结果发明出性能更优的滚珠丝杆。如果有人能在蜗杆蜗轮中添加某种东西，并大幅度提高传动效率，无疑是一项重要科研成果。

运用主体添加法时，通常采用两种变化方式。一是不改变主体的任何结构，只是在主体上联接某种附加要素。例如，在一般卡车上附加简易起吊装置，在奶瓶上附加温度计，在铅笔上附加橡皮头等。二是要对主体的内部结构作适当的改变，以使主体与附加物能协调运作，实现整体功能。例如，彩色电视机上附加一遥控器，就得对电视机内的电路稍加改动，否则遥控器就无法控制电视机的使用性能。再如，为了减少照相机的体积，有人创造性地将闪光灯移至照相机腔体内。这种组合不是将闪光灯与照相机主体简单地联在一起，而是将两种功能赋予一种新的结构形式。这种内藏闪光灯的照相机，以其小巧轻便的特点深受旅游观光者的欢迎。

在运用主体添加法时，首先要有目的、有选择地确定主体；然后分析主体在功能上的不足和尚需补充完善的地方；最后根据实际需要确定附加物及组合的方案。

主体附加既能产生有用的辅助功能，也可能带来无用的多余功能。在洗衣机上附加定时器，增加的定时功能是有必要的，而在洗衣机上附加一个洗脸盆，对于绝大多数家庭来说则是多余的东西。因此，采用主体附加进行新品策划时，一定要考虑有无必要进行功能附加。当然，有时为了提高商品的竞争实力，也可以通过附加某种并不十分必要的功能来形成与众不同的特色。

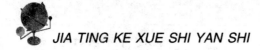

我们平时见到的篮球架都是固定的，不能升高也不能降低，而且一个球架上只有一个篮板和篮圈，我们进行篮球训练时，往往要排很长的队，轮流投篮。这样，在单位时间内每个人单独练习的机会就少了。我们能不能在一个球架上安装几个篮板和篮圈呢？发明这种篮球架的不是体育老师，也不是篮球明星，她是一位名叫方黎的小姑娘。

这项发明给方黎带来了莫大的荣誉，她因此获得了上海市科技比赛"小灵巧"一等奖，上海《少年报》还给她颁发了"居里夫人奖"。这项发明的实用性立刻引起了社会的关注。有关工厂派出技术人员前来取样，并很快投入了批量生产。产品投放市场后，各省市有关单位及学校纷纷订货，产生了明显的社会效益。

突破禁区法

科学无禁区，这是科学发展的规律。但是，由于历史的局限和人们思维的封闭性，在科学技术上却又形成一些禁区。然而，对发明创造来说，如果一味迷信权威们划定的禁区而不敢越雷池半步，是很难开拓新的领域和作出突破性的贡献的。历史上有许多这方面的例子，从正反两方面都给人以深刻启迪。除了上面介绍的交流电照明的例子外，我们还可以列举权威们设置禁区的往事。19 世纪，一些有胆识的人开始认真探索怎样实现人类上天飞行的宿愿，可是有些蜚声当时科学界的名流却站出来横加阻挠。最早用三角方法测量月亮和地球之间距离的著名法国天文学家勒让德，就是最早的反对者之一。他认为，制造一种比空气重的装置去飞行是不可能的。稍后，德国大发明家西门子也发表了类似的看法。过后，能量守恒原理发现者之一、德国物理学家赫尔姆霍茨又对制造飞机的想法大泼冷水。他从物理学的角度论证，机械装置要飞上天纯属空想。然而，飞机还是上天了，首次把飞机送上天的是当时默默无闻的美国人莱特兄弟。他们虽然没有上过大学，但凭着刻苦精神掌握了丰富的知识，而更重要的是，他们不盲从权威，思想活跃，敢于打破禁区。

功用发掘法

鲁迅先生曾经讲过一个故事：柳下惠看见糖水，说可以用来滋补身体，而盗拓见了，却道能用来粘门闩。他俩是兄弟，所见的又是同一种东西，想到的用法却这么天差地远。"可见，对同一件事物，各人有各人的看法。"

这种"糖水功用有别"的观点，对发明创造有什么启示呢？简单地说，如果我们对现有事物另眼相看，有意去发掘或拓展它的功用，或许是一种创新良法。

法国著名文学家莫泊桑说："任何事物里都有未被发现的东西，因为我们观看事物时，只习惯于回忆前人对它的想法。须知最细微的事物里也会有一星半点未被认识过的东西，让我们去发掘它。"发明创造中的功能发掘法，正是基于这种认识，对世界上原有的事物进行重新审视、分析和处理，大胆延伸前人或他人的思维轨迹。以充分发掘每一事物的潜力或潜在价值。形象地说，这好比掘井，别人虽然曾经挖掘过，但由于碰上了石头而转向别处，或掘得不深而得水不多，当你继续对这口井挖掘时，只要搬掉石头或再往深处多挖几下，或许能得到涌泉如注。

进行发明创造的最终目的，是为了满足人们日益增长的物质文化需要。所以，基于这一目的最简捷不过的一种办法，就是对世界上原有的事物挖潜，即最大限度地挖掘原有事物的潜力，如用途、功效、价值等。

拓展产品的新用途，首先得对产品的性能进行科学的分析。当然，这需要知识的支持。比如在分析小苏打的基本性能时，你得具备一定的化学知识。不管它作为除臭剂还是清洗剂，也不管它具有何种商品形象，小苏打总是碳酸氢盐（$NaHCO_3$）这种化学物质。

发掘现有产品的新性能离不开观察与实验。许多事物的非常规性用途，可以通过观察去了解。比如人们发现用酒可以灭菌消毒，治疗风湿病痛，从而知道了酒的非饮用性能，某种偶然机会，也可使人们对某种产品另有认识。有人偶然将洗衣粉溶液滴洒在花卉上，发现花卉从此不怕蚜虫危害。略加思考，便会想到洗衣粉的杀灭虫害性能。对于复杂的性能，或许通过实验或试验才能真正了解。比如小苏打的药用功能，不经过大量的理化分析和临床试验，是万万不可轻率地将它当做药品开发的。

运用功用发掘法，从思维角度看要注意克服思维定势，不要认为世界上的红砖只能当作建材。尽管这种一物可以多用的道理人人皆知，但要灵活运用这一道理获得创意就不是人人能为的事了。

比如，家中的调温式电熨斗，除了用来熨烫衣服外，还能作什么用？这里面有没有新产品开发的灵感？

化繁为简法

放眼国内外市场，我们发现各种小巧玲珑的新产品层出不穷，深受消费者的欢迎。例如微处理机、迷你型电吹风、便携式录音机和轻便轿车等，都是国际市场上畅销的产品。因为小巧精致的商品往往容易引起消费者的好感。

如果我们综合运用扩缩创新法，有意识地将某些产品小型化或微型化，例如将保温瓶小型化开发出保温杯，将远红外加热炉微型化推演出家用食品烤箱，将收录机袖珍化生产出迷你型收录机，给大众生活带来更大的方便，就可以达到创新产品或创新市场的目的。

最近，在日本市场上出现一种超小型复印机，它只有笔记本那么大，可以随身携带，方便复印报刊文章或资料。这种新产品的出现，有如袖珍电子计算器面市那样给消费者以极大的冲击。皮尔逊在第二次世界大战期间提出在包装箱上直接用刷字板印一切有关说明文字的做法，省去了专用板材，又节约了不少工时。这些都是使用缩减元素创新法的典例。

按照消费者对"小巧玲珑"的要求对原有产品进行创新设计，主要是向产品的轻、薄、短、小等方面发展。重量的轻、厚度上的薄、长度上的短以及体积上的小，可以说是经济稳定发展时期畅销产品的时代特征。轻型摩托车、薄型手表、多功能小机床等新产品纷纷在市场上亮相并受到广泛的欢迎，说明这种创新法是极有市场潜力的。

创新服务也可以通过"缩减元素"的方法达成，"化繁为简"就是最好的注解。它要求创意人站在消费者的角度上考虑问题，从消费者的需要出发，为消费者化繁为简，不断减少消费者的麻烦并藉此扩大服务范围，提供新的服务项目。例如美国的麦克唐纳快餐店，从一开始就把为顾客提供便捷、周到的服务放在首位。麦克唐纳快餐店的服务员身兼数职：照管收银机、负责开票和供应食品等。他们把所有的食物都事先盛放在纸盒或纸杯里,顾客只要排一次队,就能取到他们所需的全部食物,节约了顾客的时间和精力。后来发现一些顾客在买了以后并不马上食用,他们又把装有汉堡包的塑料盒,包着炸薯条的纸袋,塑料刀、叉、匙、餐中袋、吸管等食物事先都包装妥善,以免在车上倾倒或溢出。由于麦克唐纳快餐店所有服务都从"必须进一步方便顾客的角度"去创设,赢得了成千上万消费者的欢迎,很多人到过一次后就都成了它的忠实顾客。

一般地说,人们在发明创造某一事物时,总是用尽全力使之至善至美的。但是,由于当时认识上的局限,有时会因追求全面、安全而造成"画蛇添足"或"多此一举"的情况。此外,由于事物所处的环境发生变化,构成事物的某些功能或性能要素变得不合时宜而成为累赘。对此,独具慧眼的发明创造者在保留整个原有事物的前提下,"冗繁削尽因清瘦",将原事物中多余的、陈旧的、繁琐的和无足轻重的部分去掉,使之更加重点突现、功能鲜明、结构精悍、性能优化,以致产生崭新的功能和效果。

删繁就简,在发明创造过程中并不是作简单的"减法"。一般来说,要满足某种功能要求,设计简单的方案往往比设计复杂的方案还费心思。从这点上说,简捷是区分平庸与天才的一把标尺。

物化原理法

物化原理，是发明创造技法家族中的"大哥大"，因为任何技术发明都可以说是科学原理的物化形式。

运用物化原理法，就是从某种科学技术原理出发，经过创造性思考，将抽象原理物化到某种新产品或新方法的创意和技术方案上。这是一种顺理成章式的创造。顺理成章，"理"在各种科技信息之中，"章"在创新者的智慧大脑之内。多种科技原理武装人们大脑之后，发明创造的种子就要发芽成长。当然，有"理"并不见得一定就有发明创造成果。从获理到发明，其中要有创造性思维的桥梁。通过创造性思考，才有可能化虚为实，将无形的科技原理转化为有形的技术方案。

五十年前，美国雷声公司的电工技师帕西·斯潘塞在装设雷达天线时，发现放在上衣口袋里的巧克力糖，即使在冬天也会熔化。起初，他认为是流汗的关系，但是，有一次，他刚刚爬上雷达的塔台，携带的巧克力就开始熔化。看看四周，没有炉子，只有雷达正在发出强大的电磁波。他猜想电磁波可能具有加热食物的功能。经过实验证实了他这一猜测，发现了微波能引起食物内部分子运动并产生热量的原理。于是，雷声公司应用微波加热原理，发明了世界上第一只微波炉，实现了无需用火就能将食物"煮"熟的创举。

承旧更新法

发明创造，虽然是首创前所未有的事物，但并不是任何一项发明创造都得无中生有，也不见得非要摈弃传统产品另起炉灶。恰恰相反，立足传统产品，以改进型、换代型新产品去占领传统市场，也不失为发明创造新招。

运用这种承旧更新法时，一般从继艺改形、继方改艺、继名改质等方面来实施。

继艺改形，即继承传统产品制作工艺，根据现代消费心理或时尚，革新产品形态和式样，使传统产品焕然一新。

例如，浙江某地的麻编鞋历史悠久，素以轻便、舒适、价廉畅销国内。发明创造者以此为基础，设计出麻编凉鞋、麻编旅游鞋、麻编舞鞋、麻编气功鞋和麻编运动鞋等等，一改传统的麻编鞋旧貌，赢得了新的消费者的喜爱。

再如，湖南浏阳是鞭炮烟花之乡，生产鞭炮烟花已有数百年历史。怎样推陈出新？他们继艺改形，开发生产出手枪式、大炮式、飞机式、变形金刚式、圣诞树式等不同往昔形态的礼品鞭炮、观赏烟花，以现代派的风采让国内外消费者大开眼界。

继方改艺，是指在继承传统产品制作方式方法的基础上，通过改变工艺方法实现创新。正宗的传统产品，大多是手工制作，方式方法落后。除了少数精细的工艺产品非得沿用手工操作方法外，多数传统产品可以继方改艺。

改变视角法

宋朝大文学家苏东坡在咏庐山时吟道："横看成岭侧成峰，远近高低各不同。不识庐山真面目，只缘身在此山中。"这首诗寓意深刻，单从观察技巧的角度讲，也值得仔细品味。"横看"和"侧看"，会得到不同的观感，假如人们习惯了横向获得的印象，那么换成侧看，岂不是另有一番新景？这种看山之法，对发明创造也是一种启迪。善于应用此法，则不失为创新一招。

变换视角，除了采取改变观察位置或变更参考系的方式外，还可以采用改变观察对象的方式，即在间接观察中达到预期的目的。

例如，在研究埃及金字塔巨石成因时，人们各持己见。这些巨石到底是天然石块加工制成还是别的方法造就的呢？人们长期观察仍无定论。后来，有人改变视角，改从古代埃及文化、法老陵墓中的随葬品等方面去观察分析，最后得出结论：建造金字塔的巨石是人工浇注而成的。后来的科学化验证明，情况的确如此。这项观察成果不仅回答了有关金字塔的一个疑问，而且导致了一种"金字塔水泥"的发明。

所谓金字塔水泥，是发明者在分析金字塔巨石成分的基础上，进行反求而获得的成果。据说这种水泥具有强度高、耐腐蚀、易凝固等优点，问世后受到建筑界的瞩目。

再如，为了观察汽车发动机运动部件的磨损情况，传统的办法是先拆卸发动机，然后对零部件的磨损部位进行直接观察和用量具测量，根据磨损部位和磨损量确定维修方式。这种作法费时费力，且需停车拆卸后才能实施。能不能发明一种不需拆卸机器就可发现零部件磨损程度的方法呢？有人借鉴人体验血看病的原理，提出了"验油测磨损"的新技术，即先从发动机油底壳中取出小量机油，然后通过铁谱分析技术或光谱分析技术，观察机油中金属微粒的变化情况，间接发现磨损的程度。这种新方法由于不需拆卸机器，具有快速、高效、低耗的优点，因此引起人们的重视。

在工业生产中，应用越来越广泛的无损检测技术，也闪烁着改变视角法的智慧之光。

变换视角作为发明创造一招，其基本原理在于有意识地突破传统的观察方式，改用新的观点或观察方式去审视被观察的客体，力图在新的发现中有所创新。

材料替换法

"巧妇难为无米之炊"，世上任何产品都离不开材料这个物质基础。不同材料有不同的理化性质和工程特性，用新材料取代旧材料，用非常规材料取代传统材料，只要能使产品的性能发生变化，并产生有益的效果，就意味着获得了发明创造成果。

运用材质替换法实施发明创造，主要有两方面的途径。

其一，运用材质替换开发轻便型、廉价型、高档型以及功能型新产品。

解决产品的轻量化设计问题，人们很容易想到塑料、纸张等轻型材料。

例如，广州首创塑料摩托车，荣获全国儿童用品优秀产品奖。国外公路上已有全塑汽车奔驰，让路人大开眼界。

纸张是中国古代四大发明之一，它的出现对人类文化的传播和发展起了重大作用。随着现代科学的进步和人们对生活用品轻巧便利的要求，纸张也从传统的书报天地里超脱出来。有人用阻燃纸制成旅游锅，无论油炸煎炒都安然无恙。更有甚者，将经过化学处理的牛皮纸制成活动住房构件，其使用寿命长达 10 年。如果需要搬迁，只需准备两个大纸箱足矣。

材料价格是决定产品成本的重要因素，为向市场提供物美价廉的产品，是创新策划的永恒追求。更换材料是降低产品成本的常用方法。比如用纸代布生产的领带、内裤、卫生巾、枕巾、衬领和结婚礼服等一次性消费品，以其造型别致，色彩鲜艳和价格低廉令旅游者大为赞赏。

在追求低价型产品的同时，也有人期望高档消费品，于是材质上的升级便成为新品策划的落脚点。如当眼镜成为装饰品时，其镜片便从普通玻璃片变换为水晶镜片，镜架也由塑料制品升格为镀金材料。更有甚者，对真金镜架也提出了需求。再如手表，金亮辉煌，豪气十足；高档象棋，玉石刻就，面目一新。各种日用品开始沾金带银，给精品屋一片光明。

如果从材料的更换上使产品功能或性能异变，则创新水平更高一筹。如用特种陶瓷制造菜刀，既锋利不须重磨，又永不生锈，家庭主妇岂不高兴？当然，用在菜刀上还只是牛刀小试。有人研究用特种陶瓷制造发动机，可大幅度提高热效率，降低燃料消耗，减轻机器重量体积，无疑是发动机行业的重大突破。

其二，运用材质替换法帮助发明创造者寻找攻克技术难关的办法。

例如，为了使宇宙飞船能把在月球上收集到的各种信息发回地面，供人类研究，就必须在月球上架设一架像大伞似的天线。于是，宇宙飞船要携带很多精密仪器，容积非常有限，怎样才能把很占空间的天线带上月球呢？科学家为此绞尽脑汁。后来，人们从材料选择方面入手，即采用形状记忆合金，在40℃以上做成天线，然后冷却，把天线折叠成球团放进飞船里，送到月球上后使天线"记忆"起原来的形状，自动展开而达到预定的状态，从而创造性地解决了技术上的难题。再如，某些机器的内部需要安装轴承，但润滑十分不便，如果从结构设计上去想办法，很难找到简单的方案。后来设计者采用粉末冶金制作含油轴承，轻而易举地解决了难题。此外，人们采用一种"哑巴合金"，使鼓风机、吹风机、风钻、风扇、传动齿轮、打字机等机器的降噪音设计找到了新的路子。

变更材质搞发明创造，必须了解材料的性能和价格，尤其是新材料不断出现的情况下，掌握新材料信息更为重要。在此基础上，发明创造者就可以从突破传统用材方面去创造性思考，在取而代之的过程中获得新的成果。

特性扩缩法

为了确保特性创新过程中的某种改变能获得成功，重要的一点就是必须加强实验或试验。斯蒂芬逊（英国蒸汽机车发明家，1825 年，设计研制成功世界上第一台客运蒸汽机车"旅行号"，是近代蒸汽机车的奠基人，人们把他誉为"火车之父"）起初发明的火车是有齿轮的，在专门制有齿轨的铁道上行驶，速度很慢。后来他想到这可能是因为使用齿轮和齿轨的毛病。有人提出如果去掉齿轮和齿轨，火车可能会脱轨翻车。能否以无齿轮的铁轨更换有齿轮的铁轨？必须进行火车在无齿铁轨上运行的种种试验。试验结果，光滑的车轮行驶在光滑的铁轨上不但不脱轨，反而十分平稳，速度比原来提高 5 倍多。

从以上事例中我们可以看出，创意人在运用扩缩法进行创新过程中，主要从产品的特性分析出发，产品的某种特性改变了，新产品也就出来了。生活用品中就有不少用品可以做这类改进，比如玻璃杯，放的时候易滑，还有响声，如果在杯底粘上泡沫的小毡片，就可以方便地解决问题；住家厨房和厕所地面太滑，有厂家给光滑的瓷砖面划上网纹，有厂家专门生产塑料防滑垫，都取得了很好的效果。前几年国内也有手表厂厂长找到点子大师何阳，拿出他们制作的精美手表，问"还有什么改进之处"。何阳建议"把表带部分改了"。说着摘下他戴的表给他们看。原来他在金属表背面贴了一层"创可贴"，倒不是手表受了什么伤，而是戴金属表不舒服。据报上说，金属离子渗到皮层里，影响健康。如果冬天在表带背面粘上一层皮革，这样不但免于皮肤接触金属，而且戴起来不会觉得太凉。

在运用特性扩缩法进行创新分析时，可按如下步骤组织思路：

（1）由小及大，先选取产品的某个方面作为研究对象，然后延伸到新产品方方面面的特性；

（2）选择要改进的事物或存在的问题，以及需要解决的对象，这类对象可以是一种物品，也可以是一种方法或过程。

（3）将对象的全部特性或属性罗列出来，并做出详细的记录。

（4）对产品的特性和已作的记录分门别类地加以梳理。

（5）组织力量对研究对象已列出的特性进行认真的分析，找出缺陷或希望点，然后从材料、元件、结构、功能等方面进行扩缩性创新的构思。

（6）评价和讨论所提的各种改进方案，使产品更能迎合消费者的需要。

扩缩改进法

要凭空设想一个创意或创新一种产品、一种服务，对于缺乏丰富的想象力，而且又未经过专业学习和训练的普通人而言，确实是困难的。但是如果结合自己的兴趣，对一些现有的产品进行一番纵横方向的分析，找出其可以扩缩改进的地方，然后予以扩缩与改进，使之成为一项新的产品就不是什么大的难事。

在我们现实生活里正使用着的种种产品中，不管它的设计是如何合理，或者是外形如何漂亮，细心研究它，总可以发现其中的种种不足，这种种不足人们已司空见惯，熟视无睹，不思改进。

他人不思改进无所谓，因为你想有所作为，你就应当将现有的产品研究一番，到用户中仔细调查一下，往往会发现许多可以运用扩缩法予以改进的好创意。这些创意，有的技术要求并不复杂，普通人也可为之。只要你做个有心人，"创新大王"的桂冠一定会落到你的头上。

因势利导法

不久前面世的"三思娃娃"可谓是因势利导法的最新杰作。

在美国，由于"性解放"思潮的冲击，许多青少年未婚同居。更令社会不安的是，不少女孩喜欢孩子，常常未经周详考虑便轻率地"制造出生命"，带来各种意想不到的社会问题。

怎样解决少男少女未婚同居且轻率"制造生命"的问题呢？严格家教、校规以及加大社会舆论压力去劝阻未婚妈妈的出现，固然是个办法，但在"性解放"歪风日盛的"民主国家"里，这种劝阻的办法未必奏效。若用法律来制裁，恐怕有"侵犯人权"之虑。在这种情况下，美国圣地亚哥市的历克·约曼及其妻玛莉夫妇匠心独运，因势利导地发明出一种日夜定时啼哭和随机"撒尿"的电动娃娃，力图使那些想做未婚妈妈的少女们"三思而后行"。

这种命名为"三思娃娃"的电动公仔，不像普通电动娃娃那么简单，其最大的特点是日夜不间断地相隔一段时间就发出初生婴儿啼哭声，当做"父母"的把它抱在怀里哄拍20分钟后，它就"乖乖"地停止哭泣。"模拟妈妈"可把三思娃娃的行为表现调校，也可以让它只需稍微逗弄一下，它就止哭。还可以把它调校为"大哭"，无论怎样哄，也不易令它不哭。

这种三思娃娃与初生婴儿一般大小，且造型十分可爱。当它投放市场后，受到许多少女的欢迎。她们乐意花大约200美元购买，并将娃娃放在婴儿车或摇篮里，视之如自己的"小宝宝"。有的还怀抱足以乱真的娃娃，作"母亲"状走在公园里怡然自得。

"世上只有妈妈好"，但当一个好妈妈并不那么容易。尤其是处在成长和学习阶段的少女，在"三思娃娃"日夜啼哭和随机"撒尿"弄湿床单的折磨下，不得不"三思"自己的行为。据说，自三思娃娃进入市场后，的确有不少人心甘情愿地打消了做未婚妈妈的念头。

"三思娃娃"的创意虽然带有明显的"美国特色"，但是发明者善于从消费心理需求中悟出因势利导的方案，是值得发明创造者学习借鉴的，因为这也是一种具有普遍意义的发明创造技巧。

运用因势利导法从事发明创造时，首先要了解某种不尽如人意的势态，分析常规的"水来土挡"办法及其失败的情况，然后顺势思考，看看有没有"貌合神离"式的解决方案。

随着游戏机大量涌入家庭，少年儿童沉溺于游戏大战之中的问题，已使家长和老师普遍感到焦虑。严禁学生玩游戏机，看起来是好办法，但事实上是行不通的。有没有因势利导的办法呢？北京四达技术开发中心的科技人员想到了这个问题，率先研制一种视听教学新媒体——普里奇声像卡带，能够使游戏机巧变学习机。

"普里奇"是英文"桥"的音译。只要买一块普里奇声像卡插入游戏机卡槽，就可在电视屏幕上展示图文并茂、视听同步的教学节目。声像带由人民教育出版社等40多家出版社组织我国特级教师编写，内容紧扣国家统编教材，既有课程辅导，也有各科总复习。现投放市场的有幼儿启蒙教育、中小学辅导、课外趣味读物、成人英语辅导等各系列共70余个品种。

当代教育学家研究表明：人类记忆力85%依靠视觉，15%依靠听觉，声像同步，能激发孩子大脑潜能，调动学习兴趣、提高学习效率数十倍。

普里奇声像卡带曾获第40届布鲁塞尔国际博览会尤里卡金奖。

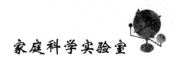

变化发明法

变化的内容极其丰富，例如：材料、颜色、气味、形状、声音、体积、重量、用途，还有工艺，操作方法等等，几乎都是无穷无尽的。由于变化所带来的成果，优势与利益也是无穷无尽的。例如，当今的服装厂商，依靠自己企业的实力，在设计、宣传、推销等许多方面进行市场竞争。而竞争的焦点无非是在服装的面料、色彩、款式、性能等方面的变化上做文章。谁能够在变化上顺应潮流，适应消费者的需求，谁就能够争得市场成为胜者。所以，变化的思路与方法给各个企业带来一系列社会和经济效益，给家庭带来了无尽的欢乐和愉快，同时也给人们的生活带来方便与享受。历史证明：变化发明法，为发明创造者提供了广阔的施展才华的天地，也给社会增添了大量财富。

仿生发明法

　　早在 2400 多年以前，模仿生物的发明方法就已经为人类创造了巨大的功绩。例如春秋战国时期的大工匠鲁班，有一次上山不慎滑倒并被草叶割破了手，经过观察，发现割破手的草叶边缘有细密的齿。经过自己细心琢磨终于模仿草叶的齿，发明了锯。随着科学技术的不断进步与生产的发展，仿生学作为一门独立的科学在 1960 年产生。它研究生物系统的结构、功能，能量转换和信息过程，并用获得的知识来改善现有的或创造崭新的机械、仪器、建筑结构和工艺过程。所以，生物模拟就成为现代发展新技术的一个重要途径。现如今，人类在技术上所遇到的某些问题，可以借鉴生物界中早已在进化过程中得到解决的答案，用来启发，模仿，解决各类技术中的各项难题。例如先进飞机的外形，雷达用超声波回声定位，导弹上应用的热定位器，乃至机器人的结构、功能等等不胜枚举，都模仿了生物包括人类本身在内的某些功能。但是，这些借鉴与应用，还只是生物界可模仿技术总量的很小一部分。正确地运用仿生发明法，就可以使创造发明成果提高到一个光彩耀眼的水平。

综合专利法

美国的卡尔森毕业于加利福尼亚大学物理系，1930 年他在贝尔电话研究所进行研究工作，后转到该所专利科从事专利事务，再后来又去学习法律。他获得法学博士学位后，继续从事专利事务，在马格利公司担任公司专利法律师。

卡尔森在任职期间，看到复写文件需要花费大量而繁重的劳动，因而萌发出发明一种能复制文件的方法。

开始，他凭着自己的想象和所学的知识进行了试验研究，但几次试验均告失败。他没有轻易放弃这项研究，但从失败中认识到要解决技术上的难题，必须进行调查研究，尤其要看看前人或他人在这个问题上有无进展和是否获得过专利。否则，盲目地关起门来研究，很容易步入失败的后尘。

在以后的两年里，卡尔森利用大部分业余时间去纽约国立图书馆调查专利文献，终于发现以前确有人在复印技术上研究过，也获得了一些专利。他对这些专利信息进行了综合分析，了解了各种技术方法及其在实用性上存在的问题。在此基础上，卡尔森综合了前人和他人的研究思路，提出了将光导电性和静电学原理结合的新方案，解决了快速有效复印的技术难题，获得了静电复印技术的基础专利。

随后，美国一家名不见经传的哈依德照相器材公司从专利文献中发现了卡尔森的专利，他们认为这是一项极具市场生命力的新发明，于是收买了卡尔森的专利。同时，他们还从专利文献中广摘博采，收集与复印相关的配套技术。不久，哈依德公司开发研制出具有商业价值的第一台静电复印机。从此，哈依德公司蒸蒸日上，复印机的生产经营规模不断扩大。

综合专利法是利用专利信息进行再创造的一种技法。运用这种技法的要

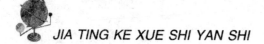

点是熟悉专利文献和善于进行综合。

专利文献是最有代表性、数量最大的科技信息库。由于专利技术是一种公开技术，它的说明书和附图，对发明创造者具有很大的参考价值。只要学习过专利文献检索基本知识的人，都可以从专利文献宝库中获得珍贵资料。

如何综合专利信息进行再创造？从实例中我们也可以发现有两条基本途径：一是设计思路综合，二是技术综合。前者主要是指在查阅专利文献过程中，不断地形成某种设计思想。例如我们发现专利文献中不断出现各种微缩型新产品技术方案，头脑中便会形成一种"微缩化设计"的新思维，在这种思维的促使下，有利于新的微缩创意的形成。后者主要针对你所想要解决的问题；思考能否将他人的技术方案进行切割组合，或避开他人惯用的技术方案而另辟蹊径。

因此，运用综合专利法，既可以帮助发明创造者发现新的设计思路，又可促进发明创造者站在前人的肩膀上窥探新的目标或问题求解方案。在信息社会里，要想获得新的创造成果，头脑中没有专利信息的概念，几乎是一种可笑的"鸵鸟思维"。

日本现代史上著名的发明家丰田佐吉发明蒸汽机驱动的织布机，也受益于对专利技术的综合。当年，丰田开始研究时，目标并没有明确针对织布机，而是为了寻找有益于自己企业获得发展的有用技术，才开始对专利文献进行调查的。首先他和助手们订阅了刊登全部技术类别的专利和实用新型的日本政府专利公报；其次是买来了外国政府的一些专利公报，以探究各个技术领域中发达国家的技术。当丰田和他的助手审阅了有关纺织的所有专利，并对每项专利都作了简短的评语之后，才找到了发明自动织布机的目标。经过努力，最后开发研制出综合了当代先进技术的蒸汽动力自动织布机。这一发明创造曾使当时以棉纺工业著称于世的英国大为吃惊，反过来向丰田佐吉购买了这项专利。